« Grâce à la physique quantique, l'impensable, l'inébranlable est. »
Pascal Lefeuvre

SOMMAIRE

g. LASER

7. L'optique
    a. Pré-requis
    b. Les « foyers » (foyer image et objet)
    c. Image réelle et virtuelle
    d. L'œil
    e. L'appareil photo
8. Magnétisme
    a. Le champ magnétique terrestre
    b. Champ magnétique dû aux aimants
    c. Champ magnétique dans un aimant en U
    d. Champ magnétique créer par des courants électriques
    e. Loi de Lorentz
    f. L'accélérateur de particule
    g. Moment de force sur une spire
    h. L'induction électromagnétique
    i. Générateur de courant alternatif
    j. L'auto-induction
9. Physique nucléaire
    a. Pré-requis
    b. La radioactivité (alpha, bêta moins, bêta plus, gamma)
    c. Les réactions nucléaires
    d. Équivalence masse énergie
10. Cinétique
    a. Les pré-requis
    b. La vitesse et l'accélération
    c. Mouvement rectiligne (uniforme, uniformément accéléré, sinusoïdale, circulaire)
11. Fluides
    a. Pré-requis
    b. Viscosité
    c. Statique des fluides
    d. Dynamique des liquides parfait (mathématiquement et physiquement)
    e. Dynamique des liquide réels
    f. Dynamique des gaz
    g. Thermodynamique
    h. Tension superficielle
    i. Humidité relatif

PRÉFACE

Bonjour à toi, cher lecteur/lectrice !

J'espère qu'à travers ce livre, tu réussiras à assimiler l'essentiel des connaissances en physique. Tout au long de celui-ci, nous essayerons de répondre au maximum de questions que beaucoup d'étudiant se pose lors de l'apprentissage de cette matière tout en expliquant les bases pour avoir un cheminement le plus logique possible.

Également, nous mettrons à disposition quelques exercices afin de s'exercer pour valider les connaissances acquises lors de ta lecture.

J'espère que ce livre te seras d'une grande utilité !

Bonne lecture !

Louis Lavoisier

DYNAMIQUE

Les pré-requis

La cinématique nous avait permis de décrire les mouvements des corps sans en expliquer les causes (les forces qui induisent un mouvement). En effet, c'est la dynamique qui nous permet de l'étudier.

Une force peut imposer une accélération ou une déformation d'un objet. Elle est donc définie par son effet. Les forces admettent une représentation vectorielle appelée vecteur force.

Remarque : A chaque fois que nous étudions le mouvement d'un système, on n'étudie que le mouvement de son centre de gravité (=centre de masse) et non le système dans sa « forme » complète. En effet, tout mouvement peut se décomposer en un mouvement de translation d'une masse ponctuelle située au niveau du centre de masse et un mouvement de rotation autour du centre de masse. Par exemple, c'est le cas de ce plongeur :

Ce centre de gravité est en réalité une « position moyenne » de la masse de l'objet.

<u>Attention</u> : Le centre de masse peut être hors de l'objet.

Exemple : la manière de sauté permet de faire varié le centre de gravité. En effet, ce type de saut est favorisé car le centre de masse reste en dessous de la barrière à franchir.

Le vecteur force est caractérisé par :

- ⇒ Une direction
- ⇒ Un sens
- ⇒ Une norme
- ⇒ Un point d'application

L'unité de la force est le Newton (N) = $kg.m.s^{-2}$

Remarque : 1N permet d'imposer une accélération de $1 m/s^2$ à une masse de 1kg. On la mesure par un dynamomètre, via la déformation induite sur un ressort (par exemple).

Les différentes forces

- **L'interaction gravitationnelle $\vec{F}$**

Deux objets de masse m1 et m2, distants de d, exercent l'un sur l'autre une force gravitationnelle.

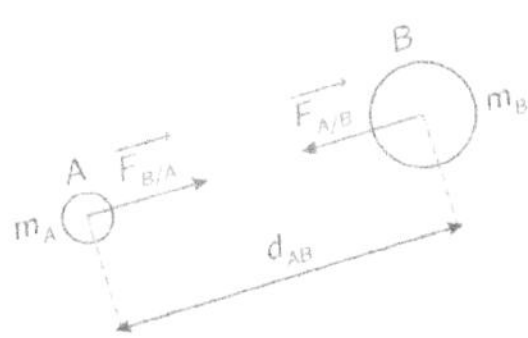

$$\overrightarrow{F_{A/B}} = \frac{G \times m1 \times m2}{r^2}\vec{u} = -\overrightarrow{F_{B/A}}$$

F : la force (N)
m : les masses (kg)
d : la distance (m)
G : la constante de gravitation
$G = 6{,}67 \times 10^{-11}\ m^3.Kg^{-1}.s^{-2}$

Cette force gravitationnelle est :

⇒ Orientée sur l'axe qui relie les 2 masses.

⇒ Une force attractive donc dirigée vers l'autre masse

⇒ De module : $F_g = \frac{GM}{R^2}m$ avec G= $6{,}67.10^{-11}$ N.m2.kg^{-2} (constante de gravitation).

<u>Remarque</u> : *On calcule comme si toute la masse de l'objet était concentrée au centre.*

<u>Exemple sur la Terre :</u>

⇒ **Masse de la Terre M = M_T = $5{,}98.10^{24}$ kg**

⇒ **Rayon R_T = $6{,}37.10^6$ m**

On obtient donc : $g = \frac{GM_T}{R^2}$ **= 9,83 N/kg = 9,83 m/s^2**

Par conséquent, à la surface de la Terre (donc à une distance R_T de son centre), on a une force gravitationnelle F_g = m.g = m × 9,83 . C'est notre poids.

Si l'on s'éloigne du centre de la Terre, le rayon augmente, donc g diminue. C'est pour cette raison que la force gravitationnelle est plus basse à haute altitude.

Concernant le champ de gravitation, en chaque point, le poids pointe vers le centre de la Terre. Cependant, si on se place de manière local, à chaque altitude, son module est constant :

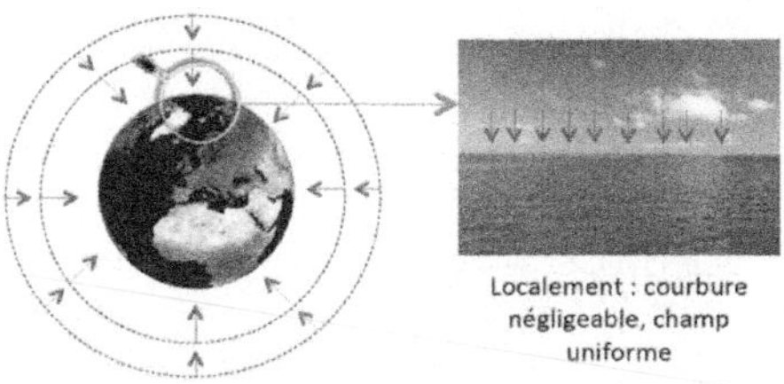

- **<u>Le poids P, la réaction du support R et les forces de frottements f</u>**

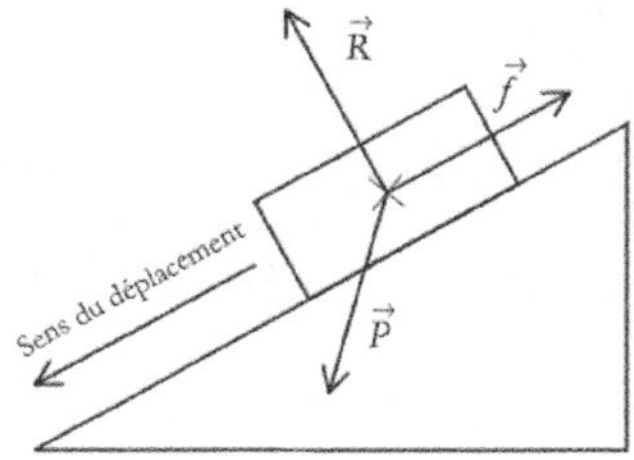

Le poids est une force verticale dirigée vers le bas car l'objet de masse m se se trouve à la surface de la Terre, de champ de pesanteur g : $\vec{P} = m\vec{g}$.

Pour ce qui est de la réaction du support, le fait qu'un objet matériel soit posé sur un support induit une réaction de force perpendiculaire au support et se dirige vers le haut. Par exemple sur l'image qui suit, puisque la personne ne s'enfonce pas dans le sol ou ne saute pas, la force du poids et de la réaction du support (sol) se compensent :

Enfin, un objet matériel, en mouvement, sera soumis à une force qui s'oppose à son mouvement lorsque celui-ci est en contact avec le sol ou dans un fluide.

Exemple de la force de frottement dans un fluide :

$$\vec{f} = -\lambda\,\vec{v}$$

Avec $\lambda = 6\,\pi\,\eta\,R$

F : la force de frottement (N)
v : la vitesse ($m.s^{-1}$)
λ : le coefficient de résistance de l'objet dans le liquide ($kg.m.s^{-1}$)
R : le rayon de la particule (m)
η : la viscosité ($kg.m^{-1}.s^{-1}$)

On peut différencier deux forces de frottements : le frottement statique et dynamique.

⇒ Frottement statique : Si on incline un support jusqu'à un certain angle et que la personne ne bouge pas alors c'est que la force de frottement statique s'ajuste pour contrebalancer les autres forces (1e loi de Newton : $\sum \vec{F} = \vec{0}$ donc $\overrightarrow{F_{frottement}} = -\vec{P} - \vec{N}$

⇒ Frottement dynamique : Si on incline trop le support, dépassé un certain angle, la personne (ou l'objet) va glisser alors $\sum \vec{F} \neq \vec{0}$.

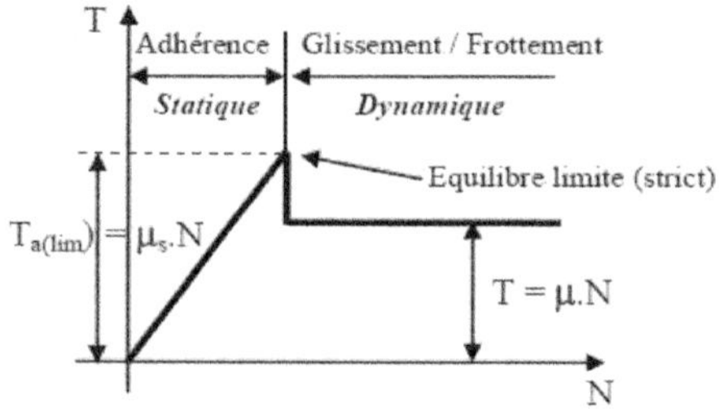

Statique : $F_{fr} \leq F_s^{max} = \mu_s . N$

Dynamique (cinématique) : $F_{fr} = \mu . N$

Remarque : μ caractérise la surface (rugosité...), N la « réaction » de la surface. On peut réduire N en lubrifiant le sol par exemple.

A l'origine, cela est du au faite que chaque surface (peau, sol, objet, ...) n'est pas complètement lisse du coup lorsque 2 surfaces sont en contact, on a une attraction entre atomes qui induit ses frottements.

Exemple du vélo :

Freinage : **La roue, bloquée par les freins, pousse le sol vers l'avant. En réaction, le frottement statique est dirigé vers l'arrière. La force de frottement induit une accélération vers l'arrière donc le vélo freine.**

Virage : **C'est cette force de frottement statique (force centripète dans un virage) qui permet au vélo de rester sur sa trajectoire (donc de tourner). Si le vélo sort de sa trajectoire, cela voudrait dire qu'on a franchi le passage au frottement dynamique.**

Attention : Il faut bien faire attention aux termes utilisé ! Par exemple pour la voiture, la force de frottement de la route sur les pneus :

⇒ **Lors d'un mouvement rectiligne** :
- Si la vitesse augmente la force de frottement est dans le sens de la vitesse (route sur les pneus)
- Si la vitesse diminue, la force de frottement est dans le sens inverse de la vitesse (route sur les pneus)

⇒ **Lors d'un virage** :
- A vitesse constante, la force de frottement est dans le même sens de l'accélération centripète (route sur les pneus)
- Si on accélère, **la force de frottement est dans le sens de l'accélération tangentielle** (route sur les pneus) et donc de la vitesse tangentielle.

La force de frottement des pneus sur la route c'est tout pareil mais l'inverse !

A retenir :

⇒ Lorsqu'une force est appliqué à un objet au repos sur une surface et lorsque cette force dépasse la force maximum de frottement statique µsN, il commence à se mouvoir.

⇒ La force de glissement ou la force de frottement cinétique µcN est habituellement inférieur à la force maximum de frottement statique. Les coefficient µs et µc dépendent des surfaces en contact et sont habituellement inférieur à 1.

⇒ Les forces de frottement entre deux surfaces sont indépendante de l'air de contact.

⇒ Par exemple une luge : Pour rester immobile il faut une force de frottement de même grandeur que le force de traction mais de sens opposé (si la force exercé est inferieur a $N.\mu_s$).

⇒ Si aucune force ne tire l'objet, la force de frottement est nul. Seulement 2 forces serait alors appliqué à l'objet : la force gravitationnelle et la force normal.

La Force résultante F nécessaire pour produire l'accélération a(r) vaut :

$$\mathbf{F = m.a(r)} = m \times \frac{v^2}{r}$$

La force normale est égal au poids soit mg. Donc la force maximal de frottement vaut µsN = µs mg et la vitesse doit satisfaire la relation : $m \times \frac{v^2}{r}$ = µs mg.

Cela revient a dire que $\frac{v^2}{r}$ = µs g. On voit ici que la **vitesse maximale ne dépend jamais de la masse** !! Cependant $\mathbf{v_{max}} = \sqrt{\mathbf{\mu s.g.r}}$ on voit bien que la vitesse maximale **dépend toujours de l'accélération gravitationnelle**.

- <u>**Force de rappel élastique**</u>

Un ressort (de masse négligeable) est caractérisé par une longueur à vide l_0 et une raideur k. Ce ressort s'oppose à sa déformation en induisant une force de rappel, sur un point matériel, proportionnellement à son allongement (déformation) afin de le ramener à sa position d'équilibre (donc de même direction et de sens opposé à sa déformation).

$$\vec{F} = -k(l - l_0)\vec{x}$$

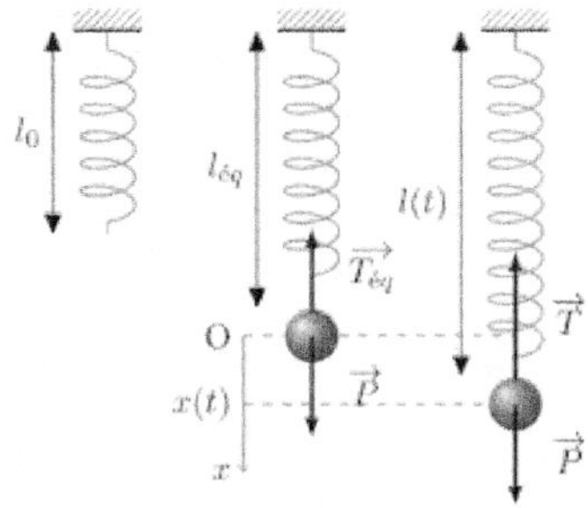

- **<u>Force de tension d'un fil</u>**

Lorsqu'un poids est accroché à l'extrémité d'un fil (considéré inextensible et de masse négligeable), ce poids est alors soumis à une tension (vecteur dans le sens du fil).

$$\vec{T} = T\,\vec{n}$$

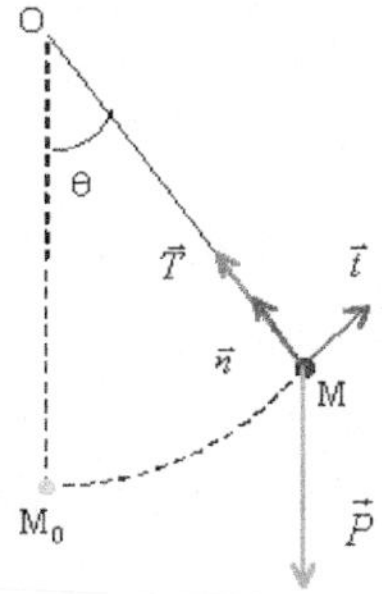

On applique alors la première loi de Newton à chaque objet et la 3e loi de Newton à chaque point d'attache (nous verrons les lois de Newton juste après) :

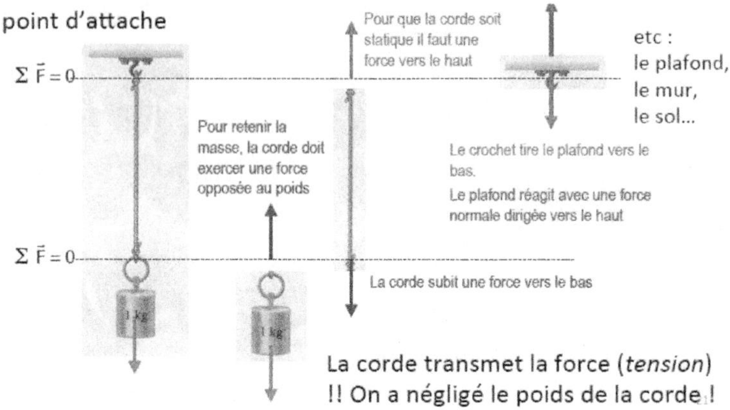

En faite, il y a simplement une transmission des forces.

Les lois de Newton

- **1ère loi de Newton (= principe d'inertie)**

Si la somme vectorielle des forces exercées sur un corps est nulle, alors son accélération est nulle donc :

⇒ Un objet au repos reste au repos.

⇒ Un objet en mouvement continue aura la même vitesse vectorielle le long de sa trajectoire : c'est un mouvement rectiligne uniforme.

$$\sum \overrightarrow{F_{ext}} = \vec{0}$$

Un référentiel galiléen est un référentiel où l'on peut appliquer le principe d'inertie.

<u>Remarque</u> : *Nous avons vu qu'un référentiel est définit par un système de coordonnées (origine, axes). En fait, un référentiel d'inertie est simplement un référentiel dans lequel les lois de Newton sont valables. De même, un référentiel en mouvement uniforme par rapport à un référentiel d'inertie est aussi un référentiel d'inertie puisque la la composition des vitesses implique que l'accélération est la même dans les 2 référentiels.*

A contrario, un référentiel non inertiel est un référentiel en accélération par rapport à un référentiel inertiel. C'est le cas dans un ascenseur par exemple : l'accélération du référentiel correspond à la « force » apparente.

L'accélération de l'ascenseur se comporte « comme un poids ».

$$\vec{N} = -\vec{P} - m\,\overrightarrow{a_{asc,sol}}$$

⇒ Il est positif si l'accélération est vers le haut (P et $a_{asc,sol}$ de même sens donc $a_{asc,sol}$ vers le bas).

⇒ Il est négatif si l'accélération est vers le bas (P et $a_{asc,sol}$ de sens opposés donc $a_{asc,sol}$ vers le haut).

Alternativement, l'accélération du référentiel semble modifier g :

$$\vec{N} = m\vec{g} - m\overrightarrow{a_{asc,sol}} = m(\vec{g} - \overrightarrow{a_{asc,sol}})$$
$$\overrightarrow{g_{apparent}} = \vec{g} - \overrightarrow{a_{asc,sol}}$$

Nous avons vu pour l'ascenseur mais il en va de même pour la gravité apparente lors d'un vol en avion puisque lors du décollage et de l'atterrissage $\overrightarrow{a_{avion,sol}}$ est dirigé vers le haut (donc opposé au poids) tandis que lors d'un vol à même altitude, $\overrightarrow{a_{avion,sol}}$ est dirigé vers le bas (donc de même sens que le poids).

A retenir :

⇒ Lors d'une chute libre, la **masse d'un objet est la même partout dans l'univers** ; son poids w = mg dépend de l'accélération gravitationnelle régnant à l'endroit où se trouve l'objet.
  - Le poids apparent ou poids effectif dépend également de l'accélération : **N = m(g-a)**
  - Une personne en chute libre a donc un poids effectif nulle ! Car a = g donc w = 0

⇒ Gravité apparente = g – a

⇒ **Poids apparent = Force normal !** (Lorsqu'on est sur plan normal et non incliné, par exemple dans l'ascenseur)

Exemple de cas où le plan est incliné :

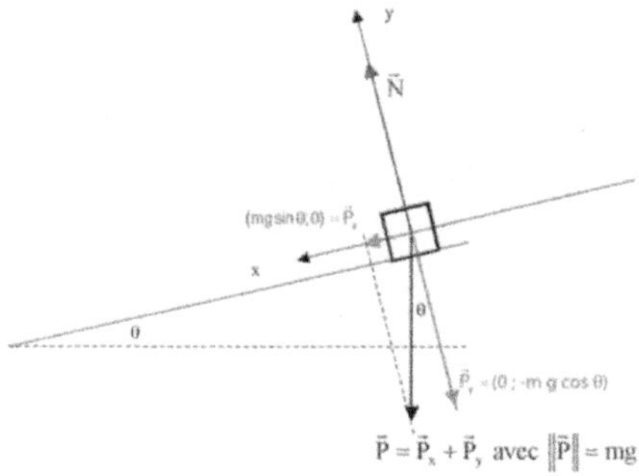

⇒ **P = m*g*sin θ** et **N = m*g*cos θ = Py**

- *Pour savoir si c'est cos ou sin :*
  - **Pour le vecteur Poids** : On projette θ sur l'axe des x :
    Sin θ = Px/mg donc Px = m.g.sinθ
  - **Pour le vecteur normal** : On projete θ sur l'axe des y :
    Cos θ = Py/mg

⇒ Pour savoir si l'objet est mobile ou immobile, **on compare Px et la force maximale de frottement**.

- **<u>2e loi de Newton</u>**

Quand une force s'exerce sur un objet, celui-ci subit une accélération :

⇒ De même direction et même sens que la force en question

⇒ Proportionnelle en grandeur

Donc, les vecteurs accélération et force sont proportionnels, avec un coefficient positif : la masse m.

$$\sum \overrightarrow{F_{ext}} = m\overrightarrow{a_G}$$

<u>Remarque</u> : L'effet (accélération) est proportionnel à la cause (force).

En faite, m caractérise la quantité de matière à accélérer, c'est l'inertie de l'objet, c'est à dire sa résistance à la mise en mouvement.

De façon générale, on utilise la quantité de mouvement $\vec{p}$:

$$\vec{p} = m\,\vec{v}$$

La quantité de mouvement d'un système est simplement le produit de sa vitesse et de sa masse exprimé en kilogramme par mètre par seconde (kg.m.s^{-1}).

$$\sum \overrightarrow{F_{ext}} = m\overrightarrow{a_G} = m\frac{d\vec{v}}{dt} = \frac{dm\vec{v}}{dt} = \frac{d\vec{p}}{dt}$$

Attention : On comprend seulement les forces extérieures au système !

Les quantités de mouvements s'additionnent.

Par exemple lors d'un choc entre une mouche et un éléphant :

⇒ Avant le choc : $p_{total} = p_{elephant} + p_{mouche} = M_{éléphant}V_{éléphant} - M_{mouche}V_{mouche}$ (on a projeté sur l'axe horizontal)

⇒ Après le choc : $p_{total} = (M_{éléphant} + M_{mouche})\, v_{globale}$

Puisque le système est isolé (pas de force extérieure sur l'axe horizontal) : p_{total} est conservé.
Donc $v_{globale} = \frac{M_{éléphant}V_{éléphant} - M_{mouche}V_{mouche}}{M_{éléphant} + M_{mouche}}$.
Si $M_{éléphant}V_{éléphant} > M_{mouche}V_{mouche}$ alors $v_{globale} > 0$ et la mouche recule !

A retenir : Dans un système isolé, la quantité de mouvement conservé.

Force moyenne= $\frac{\text{quantité de mouvement final}}{\text{temps}} - \frac{\text{quantité de mouvement initial}}{\text{temps}}$

Ainsi, nous avons vu que dans ce cas là la sommes des forces extérieures était égale à la dérivé de la quantité de mouvement en fonction du temps. Si F est constante alors pendant un temps donné Δt : $\Delta\vec{p} = \vec{F}\Delta t$
La variation de quantité de mouvement est appelée **impulsion**.
Si la force varie dans le temps, alors on additionne les impulsions correspondant aux intervalles de temps successifs : $\Delta\vec{p} = \overrightarrow{F_{moyenne}}\Delta t$

On peut aussi utiliser cette deuxième loi de Newton lors de l'étude des mouvements harmonique d'un ressort :

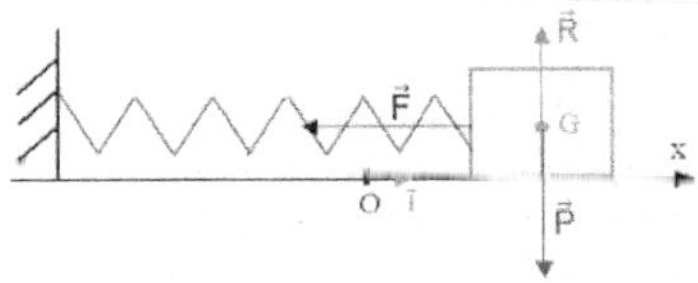

$$\sum \vec{F} = m\overrightarrow{a_G} = \overrightarrow{F_{frottement}} + \vec{P} + \vec{N}$$

Or, sur l'axe vertical, P et N se compensent donc on se limite à la composante horizontale :

$$m\vec{a} = \overrightarrow{F_{frottement}} = -k\vec{x}$$

Si on dérive cette formule (car l'accélération est la dérivé seconde de la position x on obtiens :

$$\omega = \sqrt{\frac{k}{m}x}$$

Avec ω la fréquence d'oscillation du poids, k la raideur du fil et m la masse du poids.

Si on observe un mouvement harmonique :

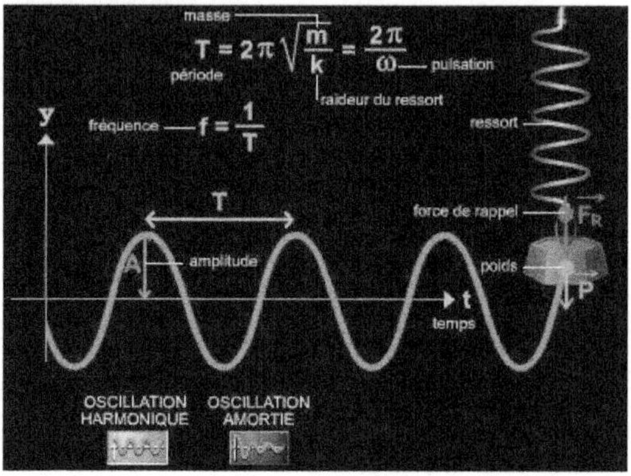

Remarque : Sin($\alpha + 2\pi$) = sin α donc le mouvement du ressort se répète chaque fois que ω.t augmente de 2π. Comme pour une rotation, et tout mouvement périodique, on définit :

- ⇒ La période T comme étant le temps qu'il faut pour revenir à l'état initial : $\omega T = 2\pi$ donc T = $2\pi/\omega$
- ⇒ La fréquence f, le nombre d'oscillations par unité de temps f $= \frac{\omega}{2\pi} = \frac{1}{T}$, c'est à dire $\omega = 2\pi f$

- **3e loi de Newton**

Nous l'avons déjà vu précédemment : Si un objet A exerce une force F_{BA} sur un objet B, alors B exerce une force opposée F_{AB} sur B : $\overrightarrow{F_{AB}} = -\overrightarrow{F_{BA}}$

Remarque : Attention au sens d'écriture ! F_{AB} est la force exercée sur A par B.

Quelques exemples :

1. **Le pied exerce une force sur le sol, vers l'arrière. C'est cette force qui projette des graviers vers l'arrière. En retour, le sol exerce une force vers l'avant sur le pied et met en mouvement la trottinette.**

2. La Terre subit la force de gravitation exercée par la Lune, et en réaction la Lune subit la force de gravitation exercée par la Terre.

<u>Remarque</u> : les forces internes n'ont pas d'effet sur le mouvement de l'ensemble (car 3e loi de Newton elles se compensent), ce qui induit le mouvement c'est bine les forces externes.

Les moments : moment de force, moment cinétique et moment d'inertie

Ces trois notions concernent la rotation d'un corps :

- Le <u>moment d'une force</u> est l'analogue de la force : c'est ce qui pousse un corps à tourner, tout comme une force est ce qui pousse un corps à être en mouvement (si l'on considère qu'une seule force à la fois)

$$\vec{\tau} = \vec{r} \times \vec{F}$$

Exemple : Pour ouvrir une porte, plus on applique une force loin de l'axe de rotation de la porte (r augmente) et plus le moment de force augmente donc plus facile est l'ouverture.

> **A retenir** : Par rapport à un axe, le moment de force est défini comme $\tau = r \times F$ et la norme du moment de force vaut $\boldsymbol{\tau = r \cdot F \sin(\theta)}$.

- Le <u>moment cinétique</u> est l'analogue de la quantité de mouvement $m\vec{v}$ mais pour une rotation (on parlera de quantité de mouvement pour les translations).

$$\vec{L} = I_\omega \vec{\omega}$$

- Le <u>moment d'inertie</u> est l'analogue de la masse lors d'une rotation (on parlera de masse pour les translations) : plus le moment d'inertie d'un corps est important, et plus il est difficile de le faire tourner.

$$I\omega = mr^2$$

Dans le cas où on a plusieurs objets, les moments d'inertie s'additionnent.
Pour les objets volumineux, on va également sommer (intégrer) sur le volume V :

$$I_\omega = \int_V r^2 m(v) dv$$

Selon la forme du corps, la formule change (voir votre formulaire).

<u>Remarque</u> : Ces trois moments sont reliés.

Translation	Rotation
Position x	Angle θ
Vitesse v	Vitesse angulaire ω
Accélération a	Accélération angulaire α
Masse m	Moment d'inertie I_ω
Quantité de mouvement p Conservée en l'absence de force externe	Moment cinétique L Conservé en l'absence de moment de force externe
Force F	Moment de force τ
1ère loi de Newton F = 0 => Mouvement linéaire uniforme	τ = 0 => Mouvement circulaire uniforme
2ème loi de Newton : F = m a	t = I_ω α
3ème loi de Newton : Action-réaction pour les forces	Action-réaction pour les moments de force

Attention : grandeurs scalaires si 1D, vectorielles sinon

Lorsque τ=0, le moment cinétique est conservé. Par exemple une patineuse qui n'est soumise qu'à son poids aura une conservation du moment cinétique :

<u>Bras écarté</u> : r est grand donc le moment d'inertie est grand et la vitesse angulaire est petite.

<u>Bras serré</u> : r est petit donc le moment d'inertie est petit et la vitesse angulaire est grande.

C'est le même principe que le gyroscope. Un gyroscope est un disque en rotation dans un support qui peut tourner sans frottement selon les 3 axes. Une fois lancé, la conservation du moment cinétique oblige le disque à conserver le même axe de rotation. Ainsi, le gyroscope sert de référence d'orientation pour les iphone, la wii, ...

On peut également se référé au saut en longueur :

La seule force agissant sur un sauteur est son **poids dont le vecteur est attaché à son centre de masse**. La rotation du sauteur (bras et jambe) se fait autour d'un axe horizontal passant par son centre de masse. Le poids ne crée donc pas de moment de force car sa distance à l'axe de rotation est nulle (le **centre de masse ne bouge pas** !). Le moment de force sur l'athlète étant nulle, son **moment cinétique est donc constant** pendant tout le saut.

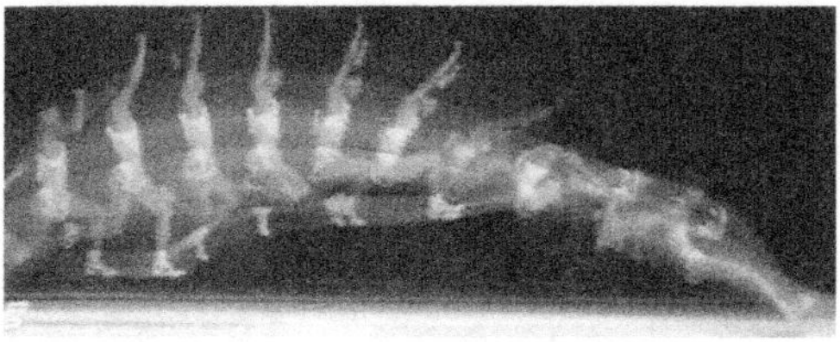

Explication : En tournant les bras vers le bas, l'athlète crée un moment cinétique qui rentre dans la feuille (règle de la main droite). Mais le moment cinétique total doit rester nul. Il faut donc qu'une autre partie du corps tourne dans le sens opposé aux bras afin d'annuler le moment cinétique total. Les jambes tournent donc vers le haut ce qui crée un moment cinétique qui sort de la feuille et qui compense celui des bras qui rentre dans la feuille.

La statique

- **Une poulie**

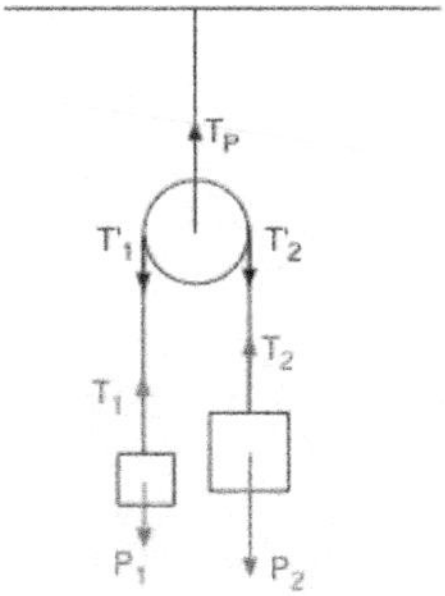

A l'équilibre on a $\sum \vec{\tau} = \vec{0} = \tau'_1 + \tau'_2$

Puisque la distance r à l'axe de rotation est la même des deux côtés de la poulie, alors on considère que $\tau'_1 = r.T'_1$ et $\tau'_2 = r.T'_2$
T_3 s'applique au centre de l'axe de rotation donc le moment associé y est nul. Par conséquent, à l'équilibre, nous avons $T'_1 = T'_2$

En faite, la poulie transmet simplement les forces de tension.

Par ailleurs, la 2e loi de Newton nous dit que, à l'équilibre $\sum \vec{F} = \vec{0}$ = $T'_1 + T'_2 + T'_P$ ce qui permet de calculer T_P si l'on en a besoin.

- **Le dos**

Notre colonne vertébrale est rigide et sert de pivot au niveau du bassin. Considérons qu'elle a un poids de 450N.
Si l'on soulève un poids de 100N (10kg) en étant penché comme sur la photo, les muscles du dos tirent les épaules avec un angle θ=12° :

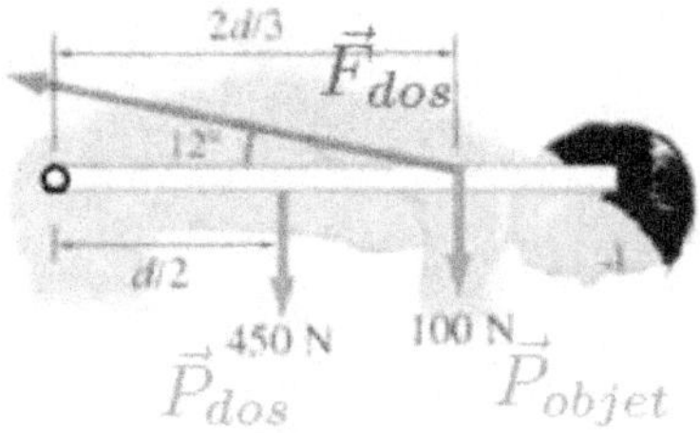

A l'équilibre : $\sum \vec{\tau} = \vec{0} = \overrightarrow{\tau_{poids\ du\ dos}} + \overrightarrow{\tau_{poids\ objet}} + \overrightarrow{\tau_{force\ du\ dos}}$

Si on projette cela au niveau de l'axe de rotation :

$$\frac{d}{2}P_{dos} + \frac{2d}{3}P_{objet} - \frac{2d}{3}F_{dos}\sin(12°) = 0$$

$$F_{dos} = \frac{\frac{3}{4}P_{dos} + P_{objet}}{\sin(12°)}$$

Si l'on remplace par les valeurs :

$$F_{dos} = \frac{\frac{3}{4}450N + 100N}{\sin(12°)} = 2104\ N$$

C'est pour cette raison que cette posture est déconseillé pour porté car ici le dos supporte un poids de 210 kg !

La précession

Le vecteur moment de force est important car :

⇒ Si le moment de force est parallèle à l'axe de rotation, alors le moment cinétique L et la vitesse angulaire ω est modifié seulement dans la norme. La vitesse angulaire augmente si le moment de force est dans le même sens et diminue s'ils sont de sens opposé.

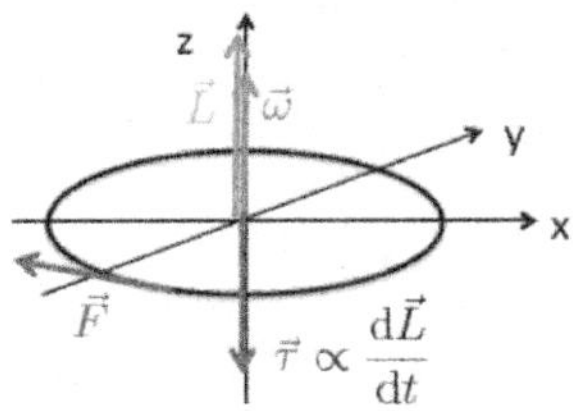

⇒ Si le moment de force est perpendiculaire à l'axe de rotation, alors le moment cinétique L et la vitesse angulaire ω est modifié seulement dans la direction donc l'axe de rotation va tourner. C'est à ce moment là qu'on parlera de précession.

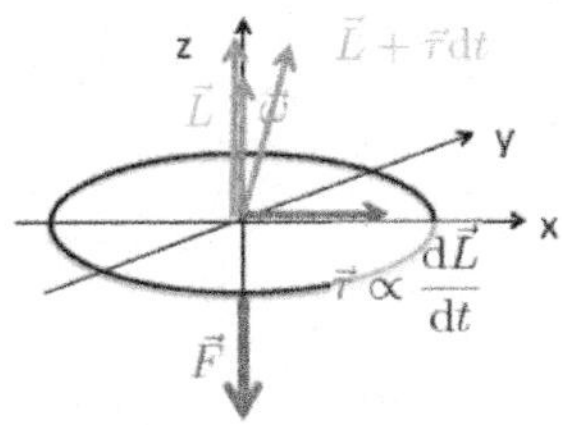

Ainsi, un moment de forces perpendiculaire à l'axe de rotation fait tourner ce dernier au lieu de faire pencher la roue. Cependant, quand la roue précesse, τ tourne avec, donc le phénomène continue. C'est ce qui arrive lors de virage incliné en vélo par exemple : Lorsque le vélo penche, le poids P exerce un moment τ_P qui fait évoluer le moment cinétique L lié à la rotation des roues.

<u>Remarque</u> : La notation pour les vecteurs orthogonaux à la feuille est la suivante :

Vers l'avant : ⊙

Vers l'arrière : ⊗

De même pour l'avion :

Le vecteur position va du CM au point d'application de la force.
Le moment de force est perpendiculaire au plan du vecteur position et de la force. Il sort de la feuille, cad il est le long de y.

Truc pour déterminer le sens du moment de force:

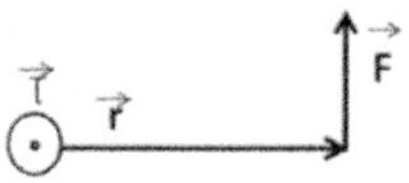

On considère l'avion comme une porte. Sous l'effet de la force, il devrait tourner dans le plan XY dans le sens inverse des aiguilles d'une montre.

Dans ce cas là, avec une force à l'arrière vers le haut, l'avion tourne à gauche (**car on tourne toujours dans la direction du moment de force)** ! Et puisque que la direction du moment de force change, le moment cinétique n'est pas conservé (sa direction change mais pas sa grandeur !).

ÉNERGIE ET TRAVAIL

Le travail

Le travail d'une force sur un système correspond à l'énergie fournie par cette force lorsque le système se déplace. Il existe donc 3 cas de figure :

⇒ Un travail positif dit moteur : ce travail effectué par une force $\vec{F}$ permet le déplacement d'un objet de A vers B.

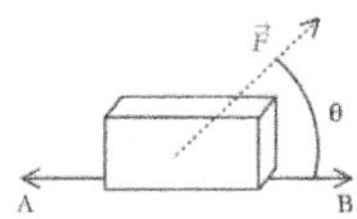

$$W_{(\vec{F})} = \vec{F}.\vec{AB} = |F \times AB| \times cos\theta$$

⇒ Un travail négatif est dit résistant lorsque la force $\vec{F}$ est de sens opposé à la direction

⇒ Si la force $F \perp AB$ ne travaille pas, W est nul.

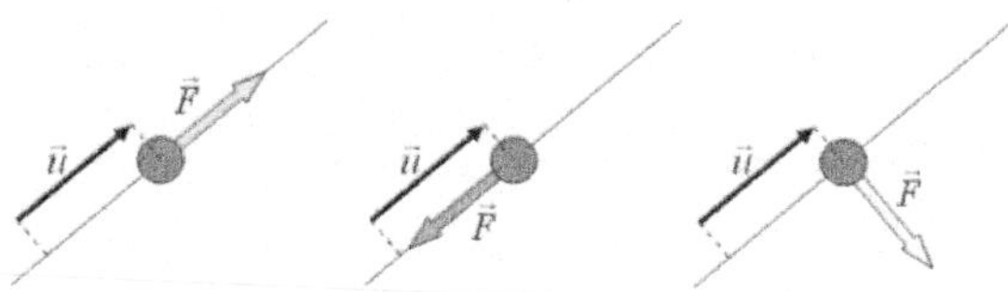

Force motrice *Force résistante* *Force à travail nul*

Par exemple sur un plan incliné : Considérons un objet de masse m glissant le long d'un support incliné d'angle θ, allant du point A vers le point B.

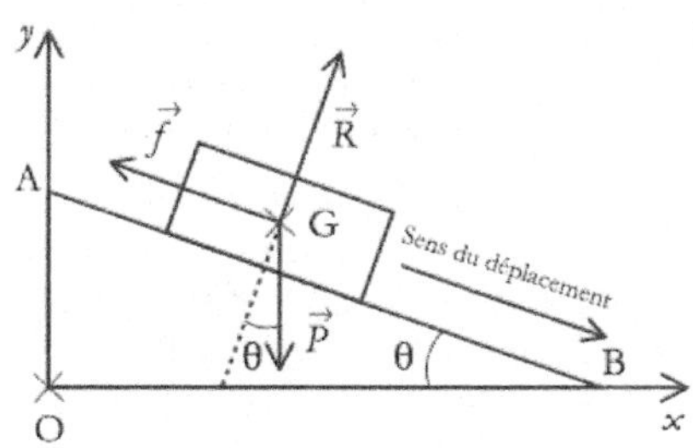

Les travaux qui s'appliquent ici sont :

- Le travail du poids : $W_{(\vec{P})} = -mg.(y_b - y_a)$. Le travail du poids ne dépend donc que de la variation de hauteur au cours du déplacement.

- Le travail de la réaction du support : $W_{(\vec{R})} = \vec{R}.\overrightarrow{AB} = |R \times AB| \times \cos\theta$. Or, $\theta = \frac{\pi}{2}$ et $\cos\theta = 0$ car $R \perp AB$ donc $W_{(\vec{R})} = 0$

- Le travail des forces de frottement : $W_{(\vec{f})} = \vec{f}.\overrightarrow{AB} = f \times |AB| \times \cos\theta$. Or, , $\theta = \pi$ et $\cos\theta = -1$ car $R \parallel AB$ donc $W_{(\vec{R})} = -f \times |AB|$. Le travail des frottements est toujours négatif, donc résistant.

On pourrait également citer d'autres travaux tel que le travail de la force de rappel dans le cas de ressort : $W_{(\vec{F})} = \frac{-1}{2} kx^2$

Les énergies

L'énergie est la capacité d'un système à produire un travail et donc d'induire un mouvement. L'unité des énergies est le joule (J).

- **L'énergie cinétique E_c**

L'énergie cinétique est l'énergie qu'on peut retrouver lorsqu'un corps de masse m est en mouvement, de vitesse v, par rapport à un référentiel donné. La valeur de cette énergie dépend donc, par définition, du choix de ce référentiel.

$$E_c = \frac{1}{2} mv^2$$

Théorème de l'énergie cinétique : Dans un référentiel galiléen, la variation d'énergie cinétique d'un système entre deux positions vaut la somme des travaux des forces appliquées au système entre les deux positions :

$$\Delta E_c = \frac{1}{2} mv_2^2 - \frac{1}{2} mv_1^2 = \sum W_{(\vec{F})}$$

Attention : En plus de cette énergie cinétique de translation, il existe une énergie cinétique de rotation lorsque l'objet en question est en rotation autour d'un axe qui a lui même une translation. Elle est donc composé de l'énergie cinétique de translation et de rotation :

$$E_c = \frac{1}{2} mv^2 + \frac{1}{2} I_\omega \omega^2$$

Exemple : Lors d'un lancé de disque vertical, l'énergie cinétique de rotation est inchangé tout le long de la trajectoire mais au sommet, l'energie cinétique de translation (a t=0) s'est complètement transformé en énergie potentielle mgh (Ec translation = 0).

- **<u>L'énergie potentielle E_p</u>**

L'énergie potentielle est l'énergie liée à une interaction, qui peut potentiellement (d'où le nom) se transformer en énergie cinétique.

Remarque : Elle dépend des coordonnées d'espace, et éventuellement du temps.

$$E_p = mgh$$

Ainsi, si une force est conservative (le travail ne dépend pas du chemin suivi mais de la position finale et initiale), alors l'énergie potentielle est égale à l'opposé du travail de cette force :

$$\Delta E_p = E_{p1} - E_{p2} = -W_{(\vec{F})}$$

Remarque : Une force de frottement n'est pas conservative et ne dérive donc pas d'une énergie potentielle. En effet, une force dissipative ne peut pas rendre le travail reçu ou fourni donc si un coup de frein a ralenti le vélo, lâcher le frein ne le relancera pas.

Puisqu'on peut toujours définir une valeur absolue selon l'endroit donné, ce qui nous intéressera surtout sera la variation de l'énergie potentielle.

La position d'équilibre r_{eq} correspond à un minimum d'énergie potentielle.

A retenir :

<u>Dans un ressort, si on néglige les frottement d'air</u> : L'énergie potentielle maximale est obtenue pour l'élongation maximale et comme il y a conservation d'énergie, toute l'énergie potentielle sera transformée en cinétique lorsque la masse se rapproche de sa position d'équilibre. Ainsi l'énergie cinétique est maximale à la position correspondant à la position d'équilibre.

$$E_p = \frac{1}{2} k x^2$$

- **<u>L'énergie mécanique E_m</u>**

L'énergie mécanique est l'énergie d'un système emmagasinée sous forme d'énergie cinétique et d'énergie potentielle mécanique. En gros, c'est une quantité conservée lorsqu'aucune force extérieure ou force non conservative (le frottement ou un choc) influence le système.

$$E_m = E_c + E_p$$

<u>Remarque</u> : Il dépend également du référentiel choisi.

Si les forces sont conservatives, dans un référentiel galiléen, la variation d'énergie mécanique d'un système entre deux positions est nulle :

$$\Delta E_m = \Delta E_c + \Delta E_p = 0$$
$$\Delta E_c = -\Delta E_p$$

Si les forces sont non-conservatives (comme les frottements), dans un référentiel galiléen, la variation d'énergie mécanique vaut la somme des travaux $W_{\vec{F}}$:

$$\Delta E_m = \sum W_{\vec{F}}$$

Ainsi, si on observe une variation d'énergie mécanique :

$$\Delta E_m = \Delta E_c + \Delta E_p = W_{total} - W_{forces\ conservatives} = W_{forces\ non\ conservatives}$$

Par conséquent, la variation de l'énergie mécanique est égal au travail des forces non conservatives.

<u>Conservation de l'énergie mécanique</u> : Lors d'une translation comme un lancé de balle par exemple, l'énergie potentielle est convertie en énergie cinétique, et vice-versa afin que l'énergie mécanique reste constante (si aucune force n'agit dessus, par exemple si on néglige les forces de frottement).

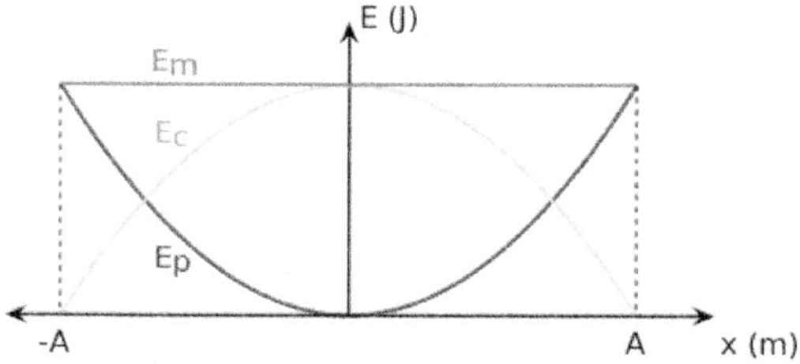

De même si on parle de mouvement circulaire nous aurions :

Energie mécanique = Energie cinétique de translation + énergie cinétique de rotation + énergie potentielle

A retenir : Si on considère un lancé de balle jusqu'à ce qu'il arrive au sol :

⇒ <u>Mouvement à 1 dimension</u> : l'énergie cinétique est nulle au sommet de la trajectoire

⇒ <u>Mouvement à 2 - 3 dimensions</u> : l'énergie cinétique est nulle au sommet sur un seul axe mais pas l'autre !!

La puissance

La puissance est la variation d'énergie, ou de travail effectué, par unité de temps. Son unité est le Watt (W), ou J/s. Il existe une :

⇒ Puissance instantanée : $P = \frac{dE}{dt} \approx \vec{F}.\vec{v}$

⇒ Puissance moyenne : $P = \frac{\Delta E}{\Delta t} \approx \vec{F}.\vec{v}$

ÉLECTROSTATIQUE

Prérequis

Dans les cours de chimie, vous verrez qu'un corps électriquement neutre possèdera le même nombre de charges positives (dû au protons dans le noyau) que négatives (dû aux électrons qui gravitent autour du noyau).

On ne peut pas créer ou détruire des charges, mais en déplacer. Ainsi, il arrive parfois qu'un corps perde ou gagne des électrons sur sa couche externe (donc des charges négatives). Une fois celui-ci chargé, ces propriétés électriques changent et il pourra faire apparaitre une charge à distance, dans son environnement, en attirant ou repoussant les charges d'un autre corps chargé. C'est l'influence électrique.

Définition :
Un ion est une espèce (atome ou groupes d'atomes) électriquement chargée qui a gagné ou perdu un ou plusieurs électrons. Il n'est donc pas neutre. La valeur de la charge électrique sera un multiple de la charge élémentaire e (indiqué en exposant).

- ⇒ Les cations sont des ions chargés positivement (perdu des électrons).
- ⇒ Les anions sont des ions chargés négativement (gagné des électrons).

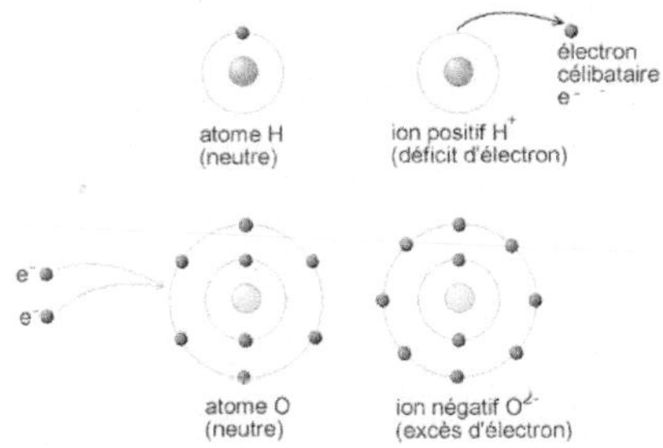

On peut classifier les ions de plusieurs manières : selon la charge (cation, anion, zwiterions), leur nombre d'atomes (monoatomique, polyatomique), leur composition, leur dépendance au pH...

Remarque : Un zwiterrion est un ion possédant en même temps des charges positives et négatives, comme les acides aminés par exemple.

On parlera d'électrisation d'un corps lorsqu'il y aura le déplacement de charges d'un matériau à un autre (effet électrostatique). En fait, ce sont justement ces charges en excès (ou en manque) qui sont responsables des effets électriques sur le corps puisqu'il n'y a pas de compensation.

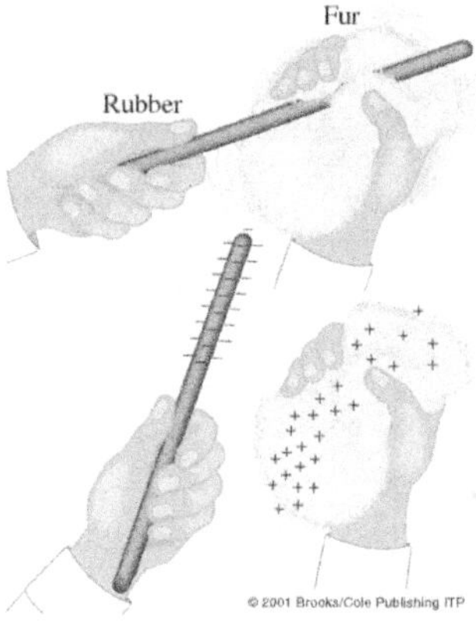

Remarque : Les charges sont seulement déplacées : la charge totale nulle.

Selon les matériaux, les électrons sont plus ou moins fortement liés aux atomes. Donc, lorsque l'on frotte deux matériaux, les électrons iront de celui où ils sont le moins liés, vers celui où ils le sont le plus. Le signe des charges obtenues dépend donc des deux matériaux.

On peut d'ailleurs classer les matériaux par leur affinité électronique.

En terme de matériau, nous parlerons de conducteur d'électricité : ce sont tout le corps capable de laisser passer un courant électrique. Les matériaux qui conduisent mal l'électricité sont appelé isolant (= milieu diélectrique). Ils sont d'ailleurs utilisés pour entouré les fils électriques.

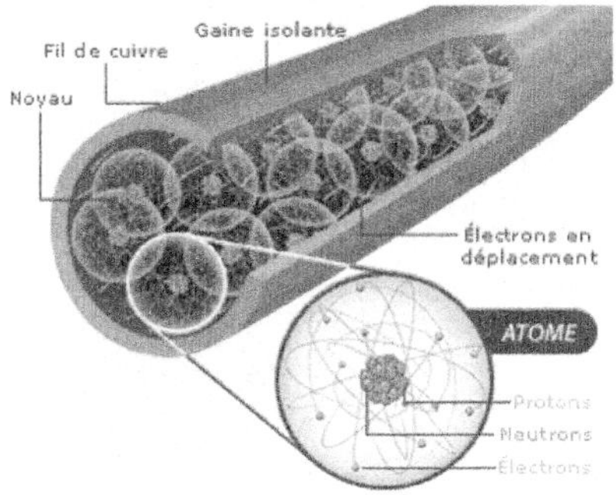

<u>Remarque</u> : En général, un bon conducteur d'électricité est aussi un bon conducteur de chaleur.

On parlera de conducteur parfait lorsque les charges (non compensés) pourront se déplacer librement dans tout le volume occupé par le matériau :

- ⇒ Les charges opposées vont s'attirer et se neutraliser mutuellement.
- ⇒ Les charges identiques vont se repousser mutuellement : elles se repartissent à la surface du conducteur (métal, solution ionique)

A l'inverse, on parlera d'isolant parfait lorsque les charges (non compensés) ne pourront pas se déplacer librement, ils resteront alors localisés à l'endroit où ils ont été déposés (verre, plastique, céramique, bois, air, ...).

<u>Lien avec la chimie</u> : Tout composé chimique (solides et solutions ioniques) est considéré comme étant électriquement neutre. Par conséquent, s'il contient des ions, il devra obligatoirement contenir des cations et des anions, et tout cela dans des proportions telles que la charge positive des cations compense exactement la charge négative des anions. Attention, cela est a considéré en terme de proportion et non de quantité ! Par exemple, le chlorure de calcium solide est constitué de Ca2+ et de Cl–. Puisque la charge d'un ion calcium vaut +2e et d'un ion chlore vaut -1e la formule de ce sel sera (Ca2+, 2 Cl–) pour que l'ensemble reste neutre.

Il est donc important de relever que, contrairement aux forces de gravitation, les forces électriques peuvent être répulsive ou attractive :

- ⇒ Si ce sont des charges de même signe, il y aura répulsion.
- ⇒ Si ce sont des charges de signe contraire, il y aura attraction.

L'électrostatique est donc l'étude de l'électricité statique donc des charges électriques immobiles stables et des forces qui s'exercent entre elles. En gros, cela correspond à l'accumulation de charges électriques lorsque deux objets non-métalliques sont mis en contact.

Loi de Coulomb

Charles-Augustin de Coulomb (1736-1806) a déterminé les propriétés des forces électrostatiques exercées par une charge ponctuelle q_1 sur une autre charge ponctuelle q_2, c'est ce qu'on appellera force de Coulomb, ou force électrique. Celle-ci a plusieurs caractéristiques :

- ⇒ Elle est proportionnelle au produit des charges (comme la gravitation est proportionnelle à chacune des masses)
- ⇒ Elle décroît avec la distance entre les charges (en $1/r^2$, comme la gravitation). Elle n'est donc pas proportionnelle, si on veut doubler la force, il faudrait réduire la distance de $\sqrt{2}$.
- ⇒ Elle est dirigée selon l'axe qui relie les charges (force radiale).
- ⇒ Elle est attractive (pointe vers q_1) si les charges ont des signes opposées : $q_1.q_2 < 0$

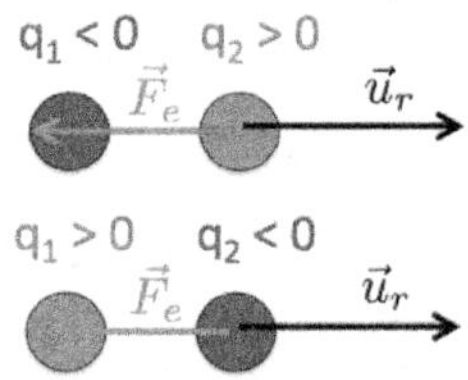

- ⇒ Elle est répulsive (pointe à l'opposé de q_1) si les charges ont le même signe : $q_1.q_2 > 0$

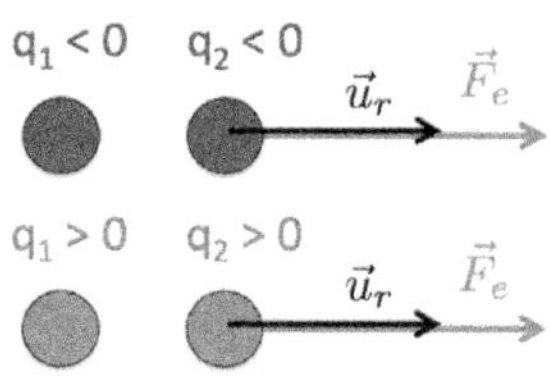

<u>*Remarque :*</u> *$\vec{u}_r$ est le vecteur unitaire qui pointe à l'opposé de q_1.*

Attention, la force de Coulomb ne dépend donc pas de la taille des charges !

Dans cet exemple : Le fait que la charge A subit un déplacement minimal ne signifie pas qu'elle est plus chargée que B mais seulement qu'elle est plus lourde (il n'y a pas de lien direct entre charge et poids) :

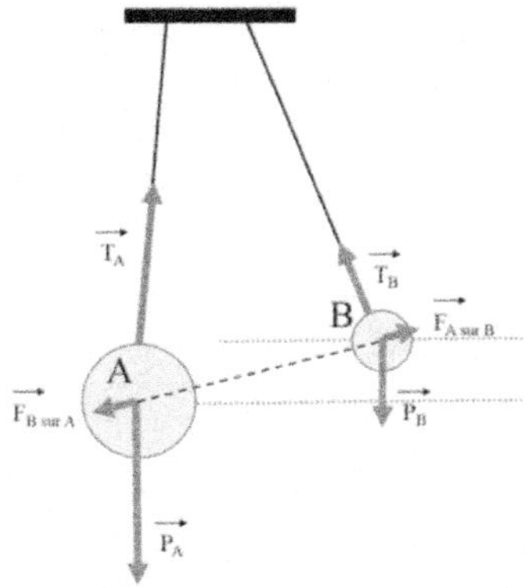

La force électrique exercée par une charge q_1 sur une charge q_2, s'écrit donc :

$$\vec{F_e} = k\frac{q_1 q_2}{r^2}\vec{u}_r = \frac{1}{4\pi\epsilon_0}\frac{q_1 q_2}{r^2}\vec{u}_r$$

$$\|\vec{F_e}\| = \frac{1}{4\pi\epsilon_0}\frac{|q_1||q_2|}{r^2}$$

ϵ_0 représente la permittivité diélectrique du vide (= $8{,}85.10^{-12}$ $A.s/_{V.m}$).
k est une constante qui dépend du milieu où se trouve les charges.

<u>Remarque</u> : Il faut donc prendre la charge absolue des corps considérés, la valeur de ces forces est toujours positive.

En fait, la permittivité représente la capacité du diélectrique à emmagasiner de l'énergie donc elle décrit le pouvoir de la polarisation du milieu sous l'effet d'un champ électrique.

<u>Remarque</u> : Comme toutes les forces, les forces électrostatiques s'expriment aussi en Newton (N).

A retenir : Il existe 4 interactions fondamentales

⇒ <u>Cohésion de la matière à grande échelle</u> : **Loi d'interaction gravitationnelle**. Cette force attractive nous permet de comprendre la structure du système solaire, de notre galaxie...

$$F_{AB} = F_{BA} = G \times \frac{m_A m_B}{d^2}$$

⇒ <u>Cohésion de la matière à petite échelle</u> :

- **L'interaction électromagnétique** :
  - *Interactions électriques ou loi de Coulomb* : deux corps ponctuels de charge qA et qB séparé d'une distance d exercent l'une sur l'autre des forces $\vec{F}_{AB}$ et $\vec{F}_{BA}$ de même direction, de sens opposés et de même valeur.

$$F_{AB} = F_{BA} = k \times \frac{|q_A||q_B|}{d^2}$$

  - *Cohésion de l'atome* : ce sont les forces d'interaction électriques attractives entre les électrons et le noyau. Lorsque ces particules sont en mouvement, on fait intervenir la force de Lorentz (champs magnétique). La résultante de ces deux forces correspond aux forces électromagnétiques.

- **L'interaction forte** : La stabilité des noyaux s'explique par l'existence d'une force attractive entre les nucléons (appelé interaction forte), supérieur à celle de l'interaction électromagnétique. Cette force à une courte porté d'action contrairement à la gravitation et les forces électromagnétiques.

- **L'interaction faible** : elle interviens lors de la désintégration radioactive de certains noyaux atomiques instable (désintégration β^+ et β^-). Nous les verrons lors d'un chapitre ultérieur.

<u>Remarque</u> : Pour des échelles supérieures ou égales à l'échelle humaine, les corps sont électriquement neutres, ils ne subiront pas d'interaction électromagnétique contrairement aux particules qui constituent la matière.

Gravitation	Interaction électrostatique
Masse m, M	Charge q, Q
Constante de gravitation g	Permittivité diélectrique ε_0 ($k = 1/4\,\pi\,\varepsilon_0$)
Force gravitationnelle $\boldsymbol{F}_g = -G\,M\,m\,/\,r^2\,\boldsymbol{u}_r = m\,\boldsymbol{g}$	Force électrostatique $F_e = 1/(4\,\pi\,\varepsilon_0)\,q\,Q\,/\,r^2\,\boldsymbol{u}_r = q\,\boldsymbol{E}$
Champ gravitationnel $\boldsymbol{g} = -G\,M\,/\,r^2\,\boldsymbol{u}_r$	Champ électrostatique $\mathbf{E} = 1/(4\,\pi\,\varepsilon_0)\,Q\,/\,r^2\,\boldsymbol{u}_r$
Attractive (on a toujours $M\,m > 0$)	Attractive ($q\,Q < 0$) ou répulsive ($q\,Q > 0$)

*Remarque : Les forces exercées sur un corps s'additionnent (**vectoriellement** !) en une force résultante. Si un ensemble de charges q_i exercent une force électrostatique sur une charge Q, on aura :*

$$\vec{F}_e = \sum_i \vec{F}_{e,i} = \frac{1}{4\pi\varepsilon_0} \sum_i \frac{q_i Q}{r_i^2} \vec{u}_{r,i}$$

Champs de force

A la base, les physiciens ont introduit la notion de champ afin d'expliquer comment deux corps peuvent interagir à distance sans que rien ne les relie. Ce type d'intéraction à distance est présente dans la loi de Newton et de Coulomb : deux charges électrique s'attirent ou se repoussent, selon leur charge, dans le vide, sans que rien ne les relie et sans support matériel.

Michael Faraday a quant à lui donner sa définition d'un champ électrique : « la force de nature électrique peut être comprise en admettant que toute charge tisse dans tout l'espace environnant, une véritable toile appelée "champ électrique" ».

A retenir : La masse et la charge électrique d'un corps sont à l'origine de deux champs dans l'espace : le champ de pesanteur (lié à la masse de la Terre) et le champs électrique (qui permet par exemple la foudre lorsque la charges du sol et des nuages sont de signe opposés). Ces deux champs sont liés aux forces gravitationnelles et électriques.

Si l'on s'intéresse à la force gravitationnelle crée par la terre, on peut calculer le poids d'un objet de masse m en tout point.

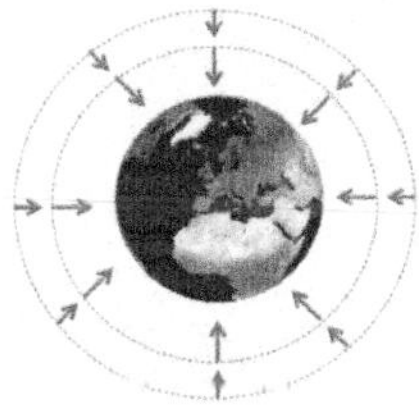

En effet, par définition, le poids d'un système à la surface de la Terre est égal au produit de sa masse m et de g, l'intensité de pesanteur : $P = m \times g$.
Rappel : De manière local, le champ de pesanteur est un champ uniforme.

De même, si on considère une charge Q fixe et qu'on s'intéresse à son effet sur une charge q, alors pour chaque position de q, on pourra calculer la force électrostatique qui s'applique sur elle. C'est le champ de la force électrique crée par Q.

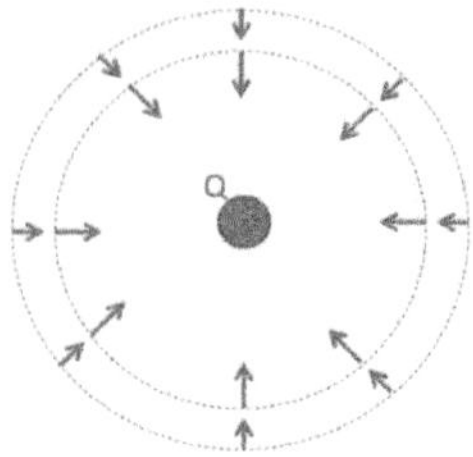

Cette force électrostatique est toujours radiale (vers la charge Q ou à l'opposé selon les signes de Q et q). Sur un cercle centré sur Q, elle a partout le même module.

Pareil que pour le champ gravitationnel, on va cherche à simplifie le traitement de la force électrique en définissant un champ électrique E crée par une charge Q :

$$\vec{E} = \frac{1}{4\pi\varepsilon_0}\frac{Q}{R^2}\vec{u}_r$$

Et le vecteur force électrique vaudra :

$$\vec{F_e} = \frac{1}{4\pi\varepsilon_0}\frac{Q}{R^2}q\vec{u}_r = q\vec{E}$$

E est toujours radial. Il pointe vers les charges négatives, et s'éloigne des charges positives.

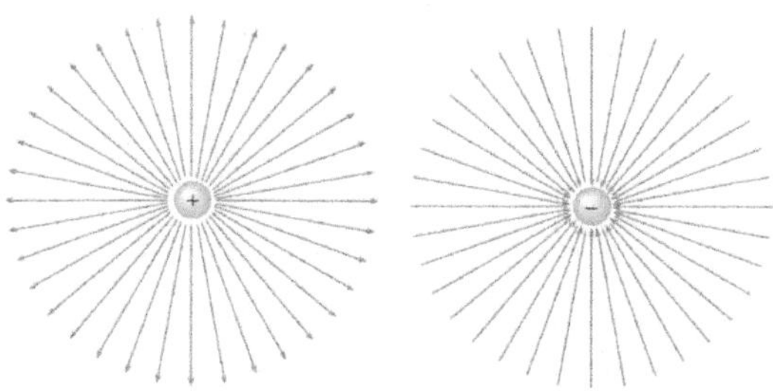

(a) © 2001 Brooks/Cole Publishing ITP (b)

Ainsi, en chaque point de l'espace, on peut tracer une et une seule courbe (ligne de champs) à laquelle le champ électrique soit tangent, orientée dans le sens du champ électrique. Comme E, les lignes de champ partent des charges (+) et pointent vers les charges (-).

<u>Remarque</u> : *Plus les lignes de champ sont serrées et plus grand est le champ.*

Par ailleurs, concernant la charge Q qui crée le champ électrique, elle n'y est elle-même pas soumise : elle n'exerce pas de force sur elle-même. Ainsi, si Q est négatif, les lignes de champ convergent vers celle-ci : en ce point on ne peut donc définir ni la direction du champ électrique, ni celle de la force électrique.

<u>Remarque</u> : *Le long d'une ligne de champs, le potentiel électrique diminue.*

Condensateur

Un condensateur est fait de deux plaques conductrices (= les armatures) de surface S séparés par un isolant. Les deux armatures portent des charges opposées :

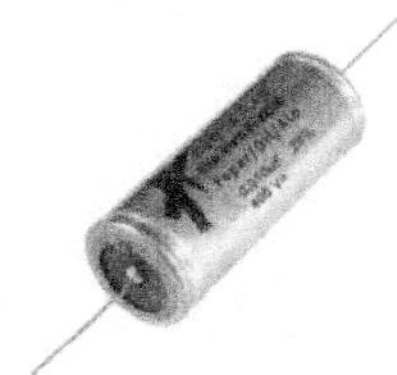

Réalisation pratique de condensateur

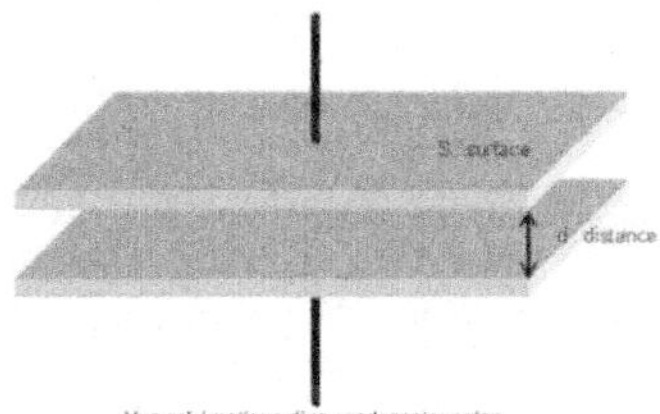

Vue schématique d'un condensateur plan

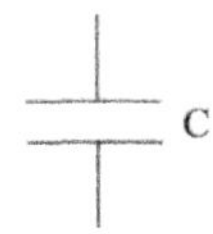

Symbole d'un condensateur

Entre les deux armatures du condensateur règne un champ électrique uniforme. Les lignes de champ sont perpendiculaires aux armatures et sont orientées de l'armature positive vers l'armature négative.

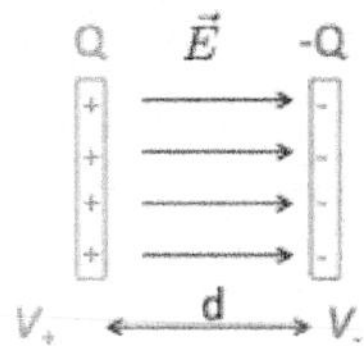

Ainsi, le vecteur champ électrique a une droite d'action parallèle aux lignes de champs et orienté vers l'armature chargé négativement. A l'intérieur d'un conducteur, le champ électrique est nul. Attention à ne pas confondre conducteur et condensateur !

L'intensité du champ électrique E est égal au rapport de la tension électrique U entre les deux plaques par la distance d entre les deux armatures : $E = \frac{U}{d}$.

De même, le vecteur force électrique $\vec{F_e}$ due aux champs électrique $\vec{E}$ régnant entre les armatures vaut : $\vec{F_e} = q\vec{E}$.

La droite d'action de $\vec{F_e}$ est perpendiculaires au plaques du condensateur et de sens :

- $\Rightarrow$ Si q > 0 alors $\vec{F_e}$ sera dirigé vers l'armature négative.
- $\Rightarrow$ Si q < 0 alors $\vec{F_e}$ sera dirigé vers l'armature positive.

Les surfaces ou ligne de même potentiel (même énergie potentielle électrique pour une charge donnée, perpendiculaire au champs électrique, sont appelé équipotentielles :

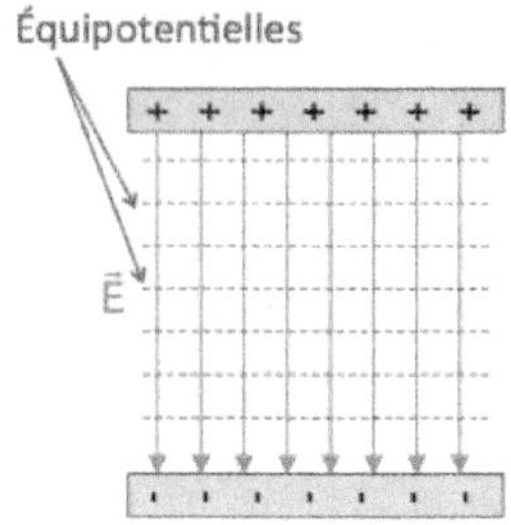

<u>Remarque</u> : Le conducteur est une équipotentielle.

On peut faire une analogie avec la gravitation : les courbes de niveau sur la carte relient les points de même altitude, c'est à dire entre lesquels on peut se déplacer sans travail de la force de gravitation. Elles sont perpendiculaires à la ligne de plus grande pente :

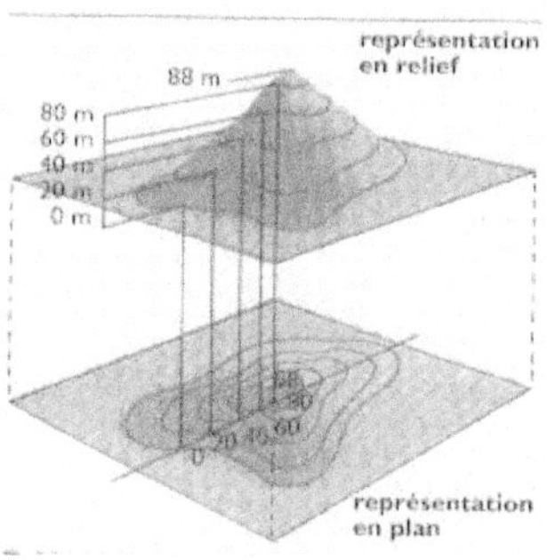

Dans un circuit électrique fermé, lorsque le condensateur est connecté à la source de tension, les charges négatives (électrons) se déplacent le long du circuit et viennent s'accumuler sur l'electrode en contact avec la borne négative de la source de tension. La quantité de charges négatives accumulée sur cette électrode est –q.
A l'inverse, l'électrode connecté à la borne positive de la source de tension cède des électrons en quantité égale donc elle accumule des charges positive +q.

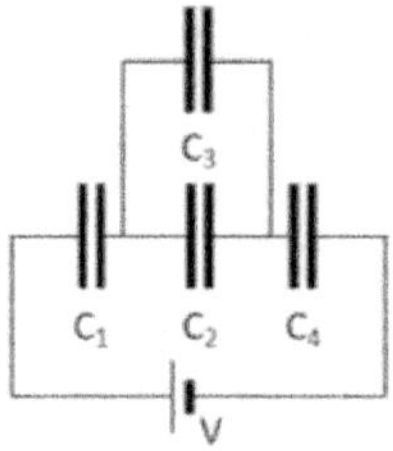

⇒ Deux condensateurs en parallèle ont une même tension à leurs bornes (ex : C2 et C3)

$$C = \sum_i C_i$$

⇒ La charge de deux condensateurs en série est la même (ex : C1 et C4) :

$$\frac{1}{C} = \sum_i \frac{1}{C_i}$$

La **capacité d'un condensateur** vaut $C = \frac{A \times \epsilon_0}{d}$ donc si on veut augmenter sa capacité, il faut augmenter sa surface d'échange (avec une distance entre les plaques la plus petite qui soit).

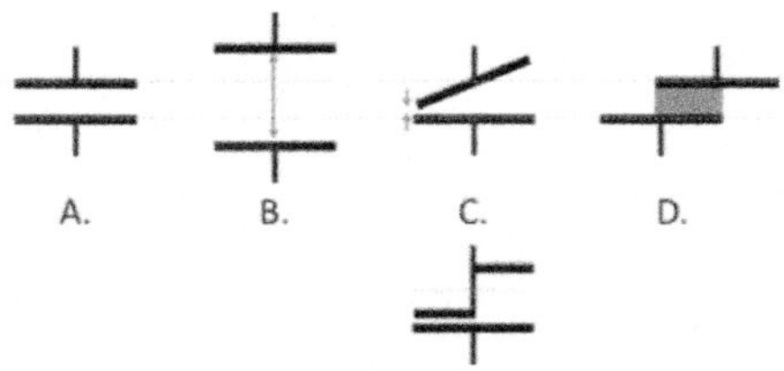

Ici, la capacité de C > A > D > B.
Remarque : la capacité de C est supérieur a A car la capacité augmente beaucoup plus vite quand d diminue que quand d augmente de la même quantité, ce qui mène à une plus grande capacité totale.

*<u>Remarque</u> : Lorsqu'un corps est plongé dans un champs électrique **non uniforme**, le corps se déplace **toujours vers la région ou le champ est le plus fort** ! Par exemple, si un champs électrique est crée par deux plaques chargée, le champ est uniforme entre les deux plaque mais pas en dehors :*

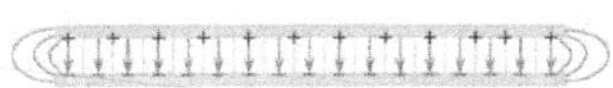

(a)

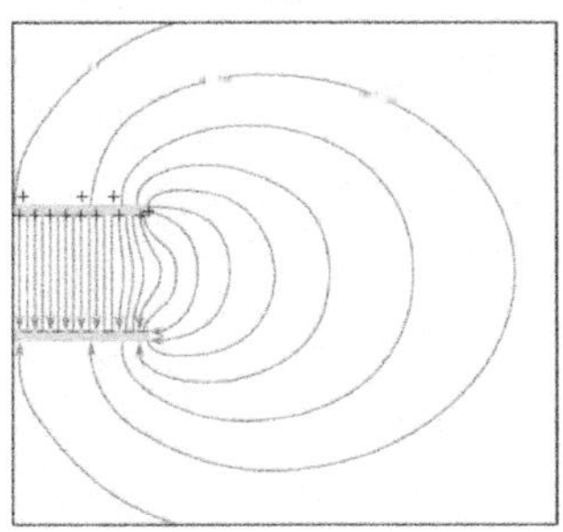

(b)

Mouvement et énergie

Une particule chargé dans un champ électrique possède une énergie potentielle électrique E_p. Celle-ci dépend de la charge q de la particule et du potentiel électrique V auquel elle est soumise :

$$E_p = qV$$

Avec $E_p$en Joules, q en Coulombs et V en Volts.

Le condensateur chargé a donc stocké une énergie potentielle électrique Ep équivalent à son travail W. La force électrique est conservative : c'est à dire que le travail produit par cette force est indépendant du chemin suivi par son point d'action. Ainsi, comme pour la gravitation, le fait que la force électrique soit conservative permet de lui associer une énergie potentielle électrique. Sa variation entre les points A et B est le travail de la force qui s'oppose à la force électrique. Si le champ électrique est uniforme :

$$\Delta E_p^{AB} = - W_{\vec{F_e}}^{AB} = -Q\vec{E}.\overrightarrow{AB}$$

Le travail de la force qui s'oppose à la force électrique stocke de l'énergie potentielle si :

$$W = -W_{Fe} > 0 \text{ et en restitue si } W = -W_{Fe} < 0$$

- ⇒ Si lorsque la distance augmente, Ep diminue alors les charges sont de même signe (soit 2 positive soit 2 négative) : ce sont des forces répulsives. Pour approcher les deux charges (d diminue) le travail est positif.
- ⇒ Si lorsque la distance augmente, Ep augmente alors les charges sont de signes opposées : ce sont des forces attractives. Pour approcher les deux charges (d diminue) le travail est négatif.

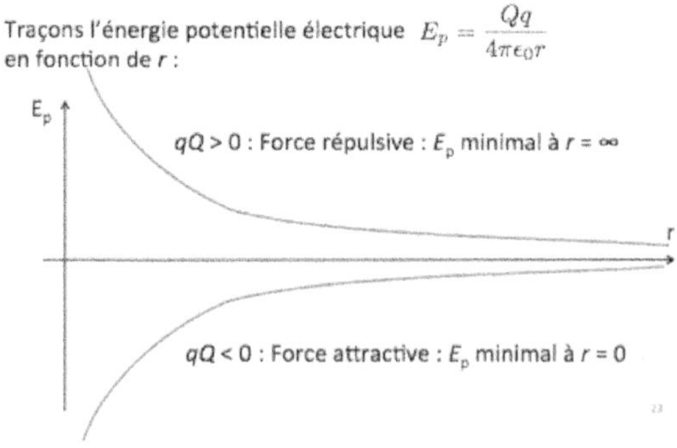

Un mouvement le long d'une équipotentielle correspond donc à un travail nul de la force électrique car l'équipotentielle est perpendiculaire au champ électrique en tout point.

Le potentiel électrique permet de définir l'état électrique d'un point de l'espace : il se note V

$V = \frac{E_p}{q} \rightarrow E_p = qV.$

En faite, dans un condensateur où règne un champ électrique uniforme $\vec{E}$, la tension électrique entre les deux armatures est égale à la différence de potentiel ΔV entre ceux-ci. Elle est noté U (en Volts aussi) :

$$U_{AB} = \Delta V = V_A - V_B$$

Ce potentiel électrique, à l'intérieur du condensateur, est une fonction linéaire de la position z du point entre les deux armatures :

$$V(z) = \frac{U}{2} - \frac{U}{d} \times z$$

Avec U et V en Volt et d et z en mètre.

Le champs électrique est l'opposé du gradient du potentiel $\Delta V = -\vec{E}$.
Moyen mnémotechnique : Le champs gravitationnel pointe vers le bas, à l'opposé de l'altitude donc de l'énergie potentielle.

<u>**Application**</u> : Lorsqu'on charge un condensateur plan sous une certaine différence de potentiel, puis on déconnecte les deux plaques et les éloigne on a :

- ⇒ La **charge du condensateur reste les même** (plaque sont isolés).
- ⇒ La **différence de potentiel augmente** : $\Delta V = \frac{Qd}{A\epsilon_0} = \frac{Q}{C}$
- ⇒ Le **champ électrique reste constant, il ne dépend pas de la distance entre les plaques mais uniquement de la surface des plaques et de leur charge**.
- ⇒ La **densité de charge a la surface est constant** (car les charges et la surface reste constantes)
- ⇒ **L'énergie emmagasiné par les plaques augmente** : l'énergie est liée à la charge et au potentiel $E = \frac{Q \times V}{2}$. On a dit que Q était constante donc si on éloigne les deux plaques d'un condensateur, V (différence de potentiel) augmentera donc E aussi.

En présence d'un diélectrique dans le condensateur (isolant) C2 par rapport a un condensateur C1 sans dielectrique, on aura (pour les même charge) :

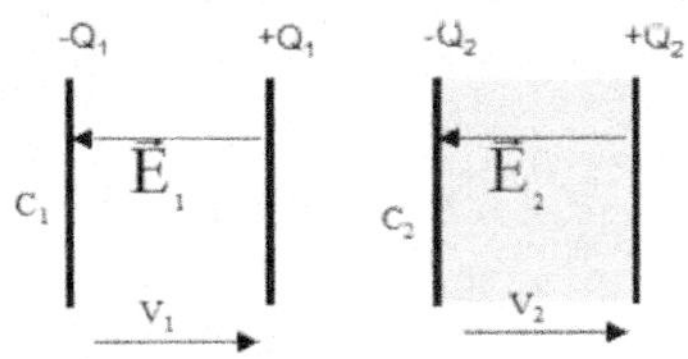

- ⇒ $C_2 = 2C_1$ car $C_1 = \epsilon_0 \frac{A}{d}$ et $C_2 = \epsilon_0 \epsilon_r \frac{A}{d}$
- ⇒ $Q_1 = Q_2$ car les condensateurs ont la même charge.
- ⇒ $E_1 = 2E_2$ car $E_2 = \frac{E_1}{\epsilon_r} = \frac{E_1}{2}$
- ⇒ $V = Ed$ car $V_1 = E_1 d = 2E_2 d = 2V_2$

En faite, dans un isolant, les charges ne peuvent pas se déplacer librement mais un champ électrique externe peut déplacer légèrement les électrons (-) par rapport à leurs atomes (+) qui subissent des forces opposées : c'est la polarisabilité. Les dipôles ainsi induit créent un champ local E_{induit} en sens inverse. Le champ total est donc réduit :

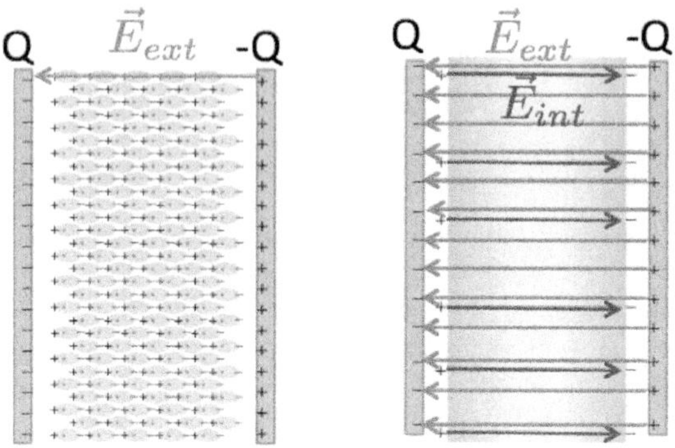

$$\|\vec{E}_{total}\| = \|\vec{E}_{ext}\| - \|\vec{E}_{induit}\|$$

Cette réduction du champ électrique est décrite par la constante diélectrique relative :

$$\varepsilon_r = \frac{E_{ext}}{E_{total}}$$

Elle caractérise la manière dont l'isolant réduit le champ électrique.

En terme de membrane cellulaire : on a des charges positives sur la surface extérieure et des charges négatives sur la surface intérieure, c'est le potentiel d'équilibre (ou de repos).

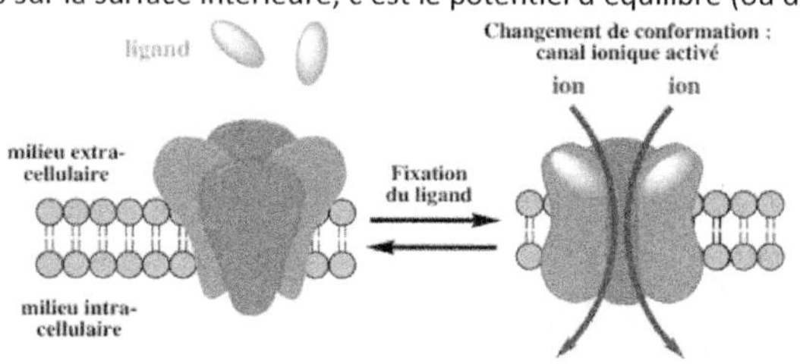

E. Jaspard (2013)

Le nombre d'ions sur la surface de la membrane par rapport a la charge de la membrane correspond à $\boldsymbol{N_{Na+}} = \frac{Q}{e}$.

Lors de l'ouverture d'un canal ionique après fixation d'un ligand, on peut calculer la variation de charge pour produire cette dépolarisation (ou hyperpolarisation) grâce à : $\boldsymbol{Q = C\Delta V}$ avec V la variation de potentiel et C la capacité de la membrane. Le potentiel de la face intérieure de la membrane est donc positif alors que celui de la surface extérieure est nul. La charge sur la membrane intérieure est donc positive.

On peut également calculer le courant traversant la membrane cellulaire : $\boldsymbol{I} = \frac{dQ}{dt} = \boldsymbol{nqv_mA}$

Par exemple, on peut considérer que la membrane d'un axone est le condensateur et la gaine de myéline qui l'entoure l'isolant (diélectrique). La dépolarisation transitoire du condensateur (lors de l'ouverture et canaux Na^+) est appelé potentiel d'action.

Accélérateur de particule

Si on néglige le poids d'une particule (par exemple on considère un électron chargé –e) dans un champ électrique uniforme. On néglige le poids, il est donc soumis uniquement à la force électrique qui est conservative $\Delta E_m = \Delta E_c + E_p = 0 \rightarrow \Delta E_c = -E_p$ or $E_p = -eV$.

Son énergie mécanique est donc conservé au cours du déplacement : $\boldsymbol{\Delta E_c = e\Delta V}$.

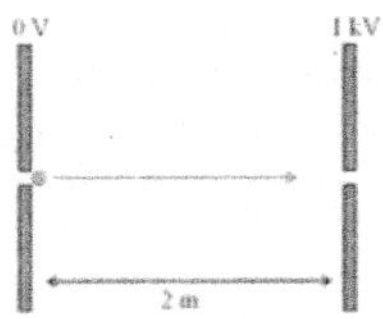

L'électron accélère. L'énergie cinétique acquise est proportionnelle à sa charge et à la différence de potentiel entre le point de départ et d'arrivée, exprimée en volts.

C'est d'ailleurs pour cette raison qu'on exprime parfois, l'énergie en électrons- volts.

Le principe de superposition

Nous avons vu que le champ électrique créé par une charge Q décrit le comportement des forces électrostatiques exercées par cette charge sur les autres charges q : F=qE.

Si nous avons plusieurs charges Q_i, les champs électriques E_i qu'ils créent s'additionnent donc aussi (vectoriellement !) : c'est le principe de superposition.

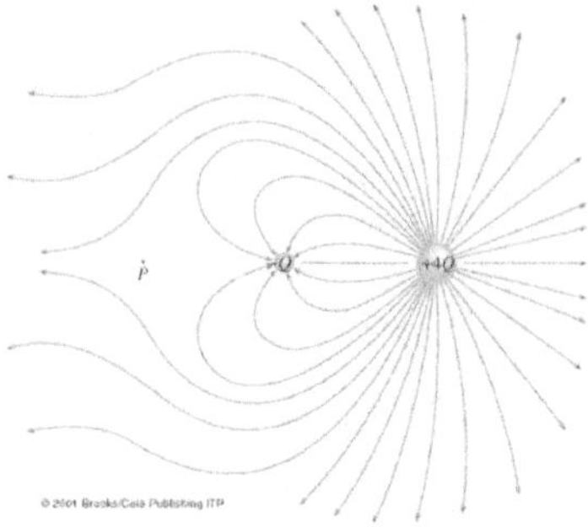

Ce principe là s'applique comme nous l'avons vu aux énergies potentielles électrique ainsi qu'au potentiel électrique.

⇒ **Si les deux charges sont identiques** : si on regarde plus loin, les deux charges se confondent et on retrouve un champ radial créer par une charge globale 2Q.

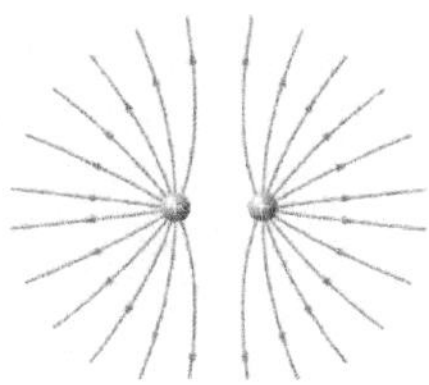

⇒ **Si les deux charges sont opposées :**

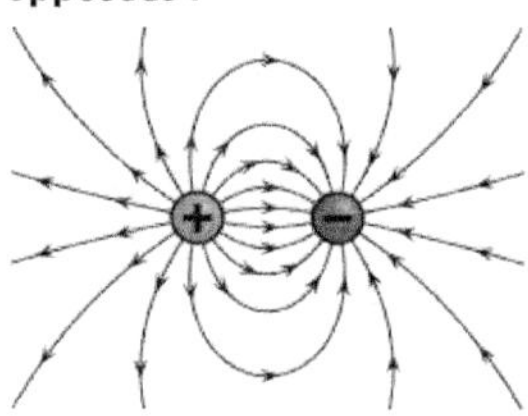

Un dipôle électrostatique est modélisé par deux charges ponctuelles +q et -q à une distance d l'une de l'autre. En fait, le centre de gravité des charges négatives n'est pas confondu avec celui des charges positives et cela crée un champ électrique de sens + vers – tout autour de celui-ci :

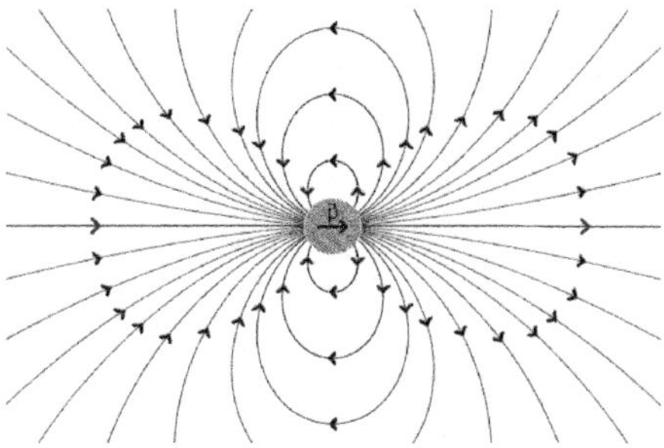

Le moment dipolaire $\vec{p}$ repose sur l'existance de dipole electrostatique et permettra aux physicien de décrire l'origine des rayonnements, les forces de Van der Waals, ... Celui a un sens opposé au champ électrique : il est orienté de la charge – vers +. Il vaut $\vec{p} = Q\vec{d}$ avec Q la chaque de chacune des particules (en valeur absolue) et d la distance qui les sépare.

Si on a plusieurs charges, la contribution des différents dipôles s'additionne :

$$\vec{p}_{total} = \sum_i q_i \vec{r}_i$$

Par exemple, pour une molécule d'eau, la distribution asymétrique des charges crée un moment dipolaire qui influe sur le comportement chimique. Vous le verrez plus en détails dans les cours de chimie organique.

<u>Remarque</u> : Le champs électrique à l'extérieur du dipôle est suffisant pour briser des liaisons chimiques (pas les liaisons covalentes !). C'est le cas par exemple lros de la dissolution du sel NaCl dans l'eau.

Attention, comme pour chaque charge, **le dipôle n'est pas soumis au champ qu'il génère** : ce dernier décrit son action sur les autres charges.

Le **moment de force $\vec{\tau} = \vec{p} \times \vec{E}$ tend à aligner le dipôle dans le sens du champ** :

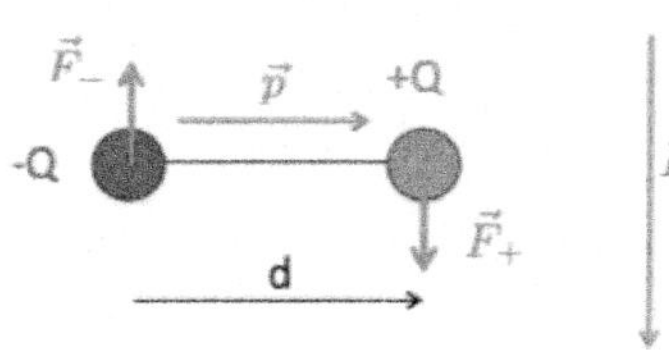

C'est pour cette raison que si on pose des limailles de fer dans un champ électrique, les limailles vont s'aligner afin de visualiser le champ : les particules se chargent simplement dans le champs (polarisabilité) et forme alors un dipôle :

Un dipole dans un champs electrique constant a toujours une force résultante nul, un **moment de force nul (seulement lorsque le dipôle est aligné dans le champs** !). **Une fois aligné, le dipôle a une énergie potentielle minimale** !

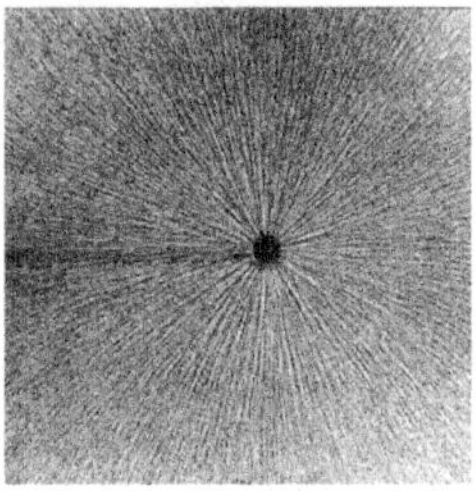

Flux du champ électrique et théorème de Gauss

Le flux électrique Φ_E correspond au flux du champ électrique à travers une surface. Théoriquement, le flux électrique à travers une surface fermée est proportionnel à la charge électrique du volume correspondant donc le flux électrique n'étant pas une grandeur mesurable, cette propriété n'a aucune application pratique (à l'inverse du flux magnétique).

$$\Phi_E = \frac{q}{\epsilon_0}$$

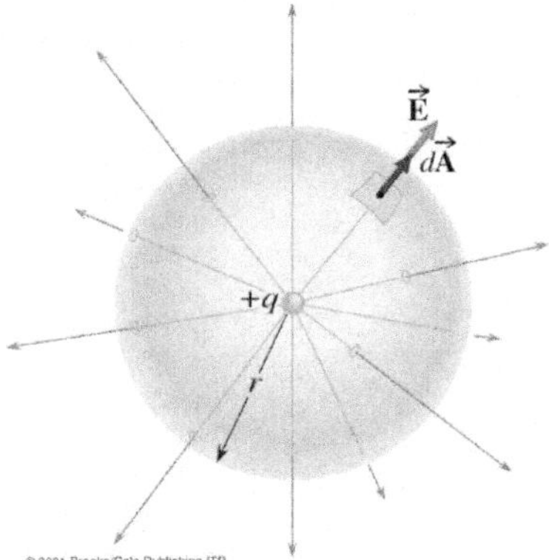

Ce flux électrique est indépendant de r et plus généralement de la surface fermée qui entoure la charge.
Un flux électrique à travers une surface fermé est donc :

- $\Rightarrow$ Nul si elle n'inclue pas de charge.
- $\Rightarrow$ $\frac{q}{\epsilon_0}$ si la surface inclut une charque q.

Si le champ électrique à travers une surface fermée inclut plusieurs charges alors le flux électrique vaut :

$$\Phi_E = \frac{\sum_i q_i}{\epsilon_0}$$

Ceci est le **théorème de Gauss.**

Puisque les surfaces fermées, on considère donc un intérieur et un extérieur, et puisqu'ils sont orientées vers l'extérieur, le flux sera :

- $\Rightarrow$ Sortant (positif) si $\sum_i q_i > 0$
- $\Rightarrow$ Entrant (négatif) si $\sum_i q_i < 0$

ÉLECTROCINÉTIQUE

Courant électrique

Définition : Un courant électrique est le déplacement (flux) de porteurs de charges électriques (bien souvent des électrons) au sein d'un matériau conducteur.

Celui-ci est permis par l'action de la force électromagnétique : l'interaction avec la matière est d'ailleurs le fondement de l'électricité. Ainsi, il est caractérisé par son intensité : c'est la charge qui s'écoule pendant une unité de temps (on pourrait penser au débit d'un fluide pour faire l'analogie) :

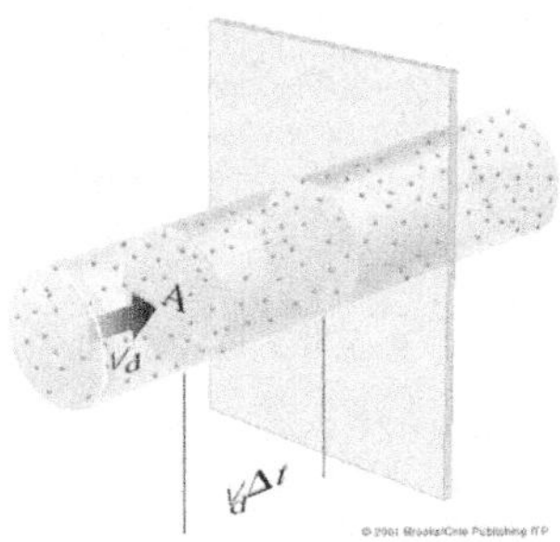

Nous avons :

⇒ Une intensité moyenne : $I = \frac{\Delta Q}{\Delta t}$

⇒ Une intensité instantanée: $I = \frac{dQ}{dt}$

Cependant, si nous zoomons sur les charges q de manière individuelle, celles-ci vont traverser une surface A à une vitesse v. On peut alors poser :

$$I = \frac{\Delta Q}{\Delta t} = q\frac{\Delta N}{\Delta t} = \frac{qn\Delta V}{\Delta t} = \frac{qnA\Delta l}{\Delta t} = qnAv$$

q la charge de la particule
n est la densité de charges.
Δl est la distance parcouru par une charge en Δt : $\Delta l = v\Delta t$.
ΔV est le volume écoulé.
v est la vitesse de dérive (vitesse effective moyenne), ce n'est pas la vitesse instantané !

Ainsi, le sens de l'intensité dépend, comme le montre l'équation, de la charge de la particule :

⇒ Le courant sera dans le sens de la vitesse de dérive des charges positives (q > 0)

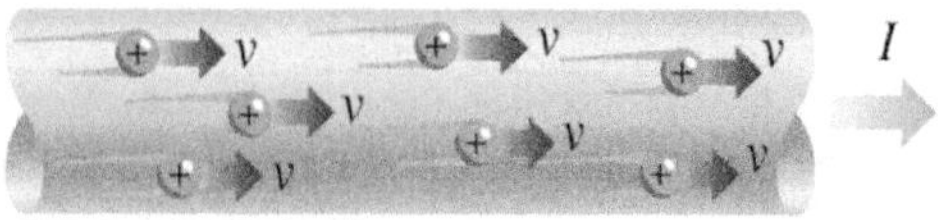

© 2001 Brooks/Cole Publishing ITP

⇒ Le courant sera dans le sens opposé de la vitesse de dérive des charges négatives (q < 0)

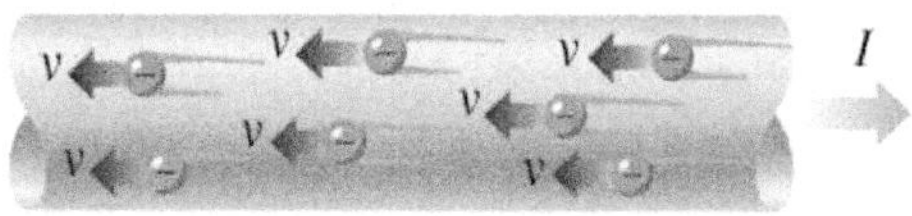

© 2001 Brooks/Cole Publishing ITP

Remarque : Le courant est donc toujours orienté dans le sens inverse du mouvement des électrons.

Rappel :

⇒ Surface = $\pi.r^2$

⇒ Surface d'un cylindre : $2\pi.r.L$

D'ailleurs, un courant électrique peut être :

⇒ Continu : la tension au borne est indépendante du temps, c'est le cas des générateurs (pile, batterie d'accumulateurs, ...). Pour rappel, la tension électrique est la circulation du champs électrique le long d'un circuit.

⇒ Alternatif : généralement sinusoïdal (c'est un courant électrique périodique qui changera de sens deux fois par période). Il transport donc des quantités d'électricité alternativement égales dans un sens et dans l'autre. Sa valeur moyenne est donc nulle.

A retenir :

L'intensité dépend de :

$$I^2 = \frac{\pi^2 d^3 \Delta T^4 e\sigma}{4\rho}$$

⇒ Diamètre du fil (proportionnelle a la puissance 3/2)

⇒ Température (sinon fusible fond)

⇒ L'épaisseur du fil

⇒ Matériaux (modifie la résistance)

Attention l'intensité ne dépend pas de la longueur du fil !

Petit aparté concernant les sphères :

Lorsqu'on parle de sphère pleine, les charges sont en réalité toujours en surface donc, à l'intérieur, nous n'avons aucune charge. Puisqu'il n'y a pas de charge, il n'y a pas de champs électrique à l'intérieur.

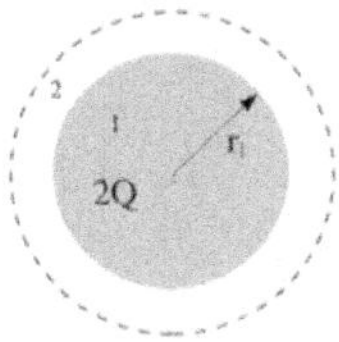

Compliquons un peu les choses : Si nous avons une sphère plaine chargé 2Q dans une sphère creuse chargé – Q, nous pouvons en réalité le comprendre de cette manière :

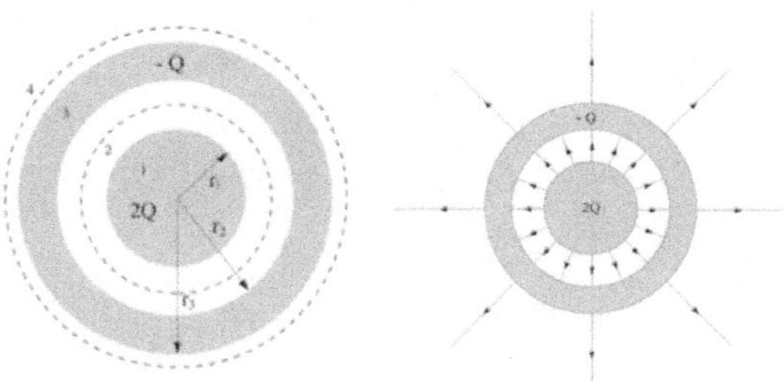

⇒ Dans la région 1 :
- Aucune charge à l'intérieur
- Charge 2Q sur la surface externe

⇒ Dans la région 3 :
- Aucune charge à l'intérieur
- Surface interne : on a une charge - 2Q pour compenser la charge de la sphère pleine a l'intérieur.
- Surface externe : on a une charge + Q car la région 3 a une charge nette de – Q donc -2 Q (interne) + Q (externe) = -Q

La résistance

L'inverse de la conductance est la résistance : elle mesure l'opposition d'un élément dans un circuit électrique au passage du courant électrique. Elle se mesure en Ohm (Ω).

⇒ Plus la résistance est grande et plus l'électricité passe mal : la différence de tension augmente donc aux deux bouts du composant, proportionnellement à l'intensité qui traverse le composant.

⇒ L'inverse est vrai aussi.

Justement, lorsque le courant traverse cette résistance, cela produit de la chaleur : c'est l'effet Joule. C'est pour cette raison que bien souvent la « résistance » est un dipôle qui réduit la tension entrante.

<u>Remarque</u> : *On utilise souvent cette résistance pour protéger les diodes électroluminescentes (DEL) qui ne supportent pas les tensions élevées.*

Pour en revenir aux circuit électrique, nous avons dit que le mouvement des charges était contrôlé par :

⇒ Le champ électrique externe, associé à une différence de potentiel ΔV, qui oriente la vitesse de dérive v_d. Ces grandeurs ont une orientations spécifique qui peut être négative ou positive selon la convention récepteur ou générateur.

⇒ Les interactions avec les atomes du matériau, qui induisent un mouvement aléatoire, vont « ralentir » les charges et dissiper en chaleur l'énergie cinétique des charges. Ainsi, elles opposent une **résistance** au mouvement des charges.

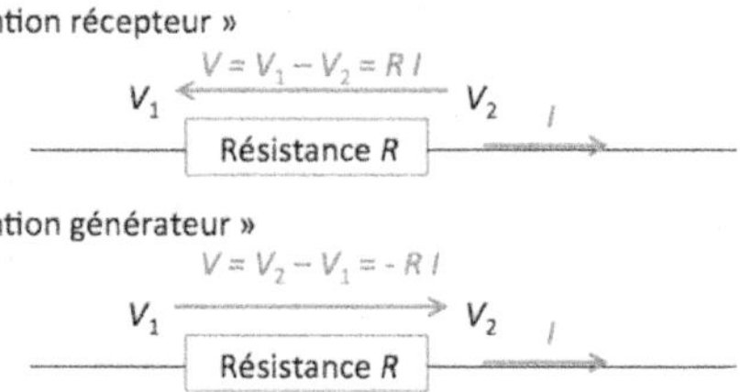

Ces deux effets sont les composants de la loi d'Ohm :

$$I = \frac{\Delta V}{R}$$

Généralement, on omet le Δ et on écris la loi : $V = RI$

<u>Remarque</u> : *Un courant électrique qui traverse le corps humain peut être mortel par fibrillation ventriculaire (=du cœur) lorsque I est supérieur ou égal à 40 mA. Puisque la résistance du corps humain dépend essentiellement de celle de la peau, la peau mouillée (R = 1000 Ω donc $V_{max} = R.I_{max}$ = 40 V) est moins « protectrice » qu'une peau sèche (R = 5000 Ω donc $V_{max} = R.I_{max}$ = 200V). Ainsi, pour éviter les électrocutions, les prises électriques sont interdites à portée du bain car même un téléphone peut tuer au bain...*

La résistance au courant électrique :

⇒ Augmente avec la longueur L du conducteur.

⇒ Diminue quand la section A du conducteur augmente.

La résistivité, symbolisé par rho (ρ), est la capacité d'un matériau à s'opposer à la circulation du courant électrique. Elle correspond donc à la résistance d'un tronçon de matériau d'un mètre de longueur et d'un mètre carré de section et est exprimée en ohms-mètres (Ω · m).

$$R = \frac{\rho L}{A}$$

Cette résistivité varie donc selon le matériau :

⇒ $\rho < 10^{-5}\ \Omega\cdot m$: c'est un conducteur

⇒ $10^{-5} < \rho < 10^{5}\ \Omega\cdot m$: c'est un semi-conducteur.

⇒ $\rho > 10^{5}\ \Omega\cdot m$: c'est un isolant.

Ces propriétés sont importantes car l'évolution de la résistivité avec la température dépend du matériau :

⇒ pour les métaux, à la température ambiante, elle croit linéairement avec la température.

⇒ Pour les semi-conducteurs, elle décroit avec la température.

<u>Remarque</u> : *La résistivité peut aussi dépendre de la quantité de rayonnement (lumière visible, infrarouge, etc.), absorbé par le composant.*

En fait, la résistivité est la grandeur inverse de la conductivité (symbole : σ) et la résistance est la grandeur inverse de la conductance (symbole : G).

Pour terminer, nous parlerons de la notion de puissance dissipé :

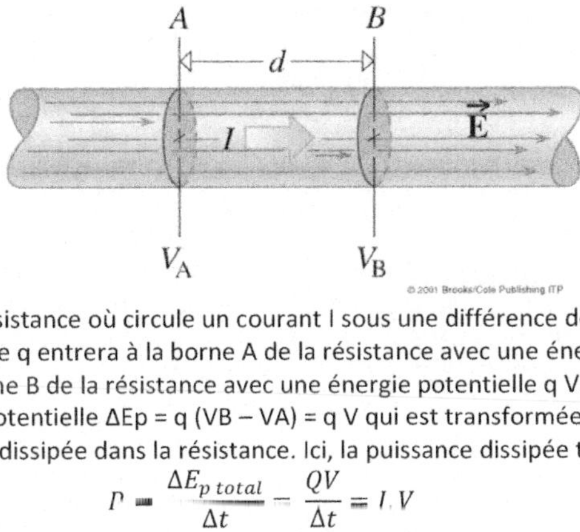

Si on considère une résistance où circule un courant I sous une différence de potentiel $V = V_B - V_A$ alors chaque charge q entrera à la borne A de la résistance avec une énergie potentielle q V_A et sortira à la borne B de la résistance avec une énergie potentielle q V_B. C'est cette différence d'énergie potentielle ΔEp = q (VB – VA) = q V qui est transformée en énergie cinétique avant d'être dissipée dans la résistance. Ici, la puissance dissipée totale est donc :

$$P = \frac{\Delta E_{p\ total}}{\Delta t} = \frac{QV}{\Delta t} = I.V$$

On peut donc voir que cette puissance ne dépend que de I et de V.
La loi d'Ohm implique deux autres expressions :

$$P = IV = RI^2 = \frac{V^2}{R}$$

Mais vous aller me dire : Pourquoi est ce que dans un cas la puissance est proportionnelle à la résistance ($P = RI^2$) et dans l'autre inversement proportionnelle ($P = \frac{V^2}{R}$) ? En fait, nous utiliserons la première formule uniquement dans les cas où l'intensité I est constant : dans le cas d'un radiateur, nous savons que l'intensité variera selon la puissance donc pour augmenter cette puissance, il faudra diminuer la résistance (inversement proportionnelle car ici V est fixé) et non l'augmenter.

De même, considérons un circuit avec une résistance constante et une intensité qui change lorsque la tension diminue (V divisé par 2). Ainsi, cette fois ci, on pourrait en déduire que la puissance varie selon V^2 et non selon V, on utilisera donc la formule $P = \frac{V^2}{R}$. Ici, la puissance diminuera d'un facteur 4.

La conductance selon la loi d'Ohm

- **<u>Petit rappel sur les circuits électriques :</u>**

Un circuit électrique a plusieurs composants reliés les uns aux autres : des fils, des générateurs, des résistances, des condensateurs... Ils sont schématisés de cette manière :

<u>Remarque</u> : Si le conducteur est parfait, alors le fil est une équipotentielle, c'est à dire que le potentiel sera le même tout du long du fil. De même, une pile idéale maintient une différence de potentielle ΔV constante entre ses bornes. Enfin, dernière remarque, lorsqu'on vous parle de fusible, on vous parle simplement d'un fil conducteur.

Par ailleurs, lors d'un électrocardiogramme (que nous verrons lors du cours du système circulaire), le cœur jour le rôle de la pile et on place les électrodes au niveau des poignets : la mesure sera donc proportionnelle à la différence de potentiel produite par le cœur.

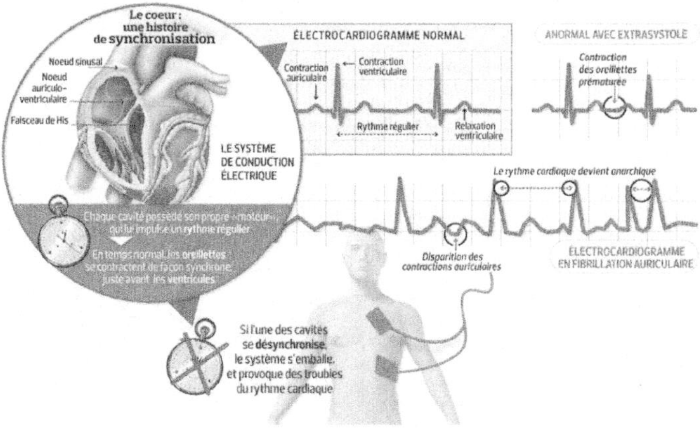

Si vous ne comprenez rien à tout ces graphiques C'EST NORMAL ne vous inquiétez pas ! Nous les reverrons et expliquerons en détails ces courbes dans un autre chapitre dédié à la circulation sanguine et au cœur.

- **<u>Association en série</u>**

La résistance équivalente à n résistances en séries est :

$$R_{eq} = \sum_{i=1}^{n} R_i$$

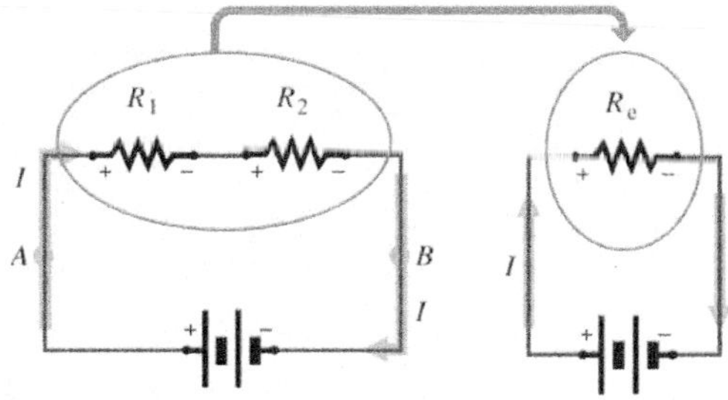

- **Association en série**

La résistance équivalente à n résistances en parallèle est :

$$\frac{1}{R_{eq}} = \sum_{i=1}^{n} \frac{1}{R_i}$$

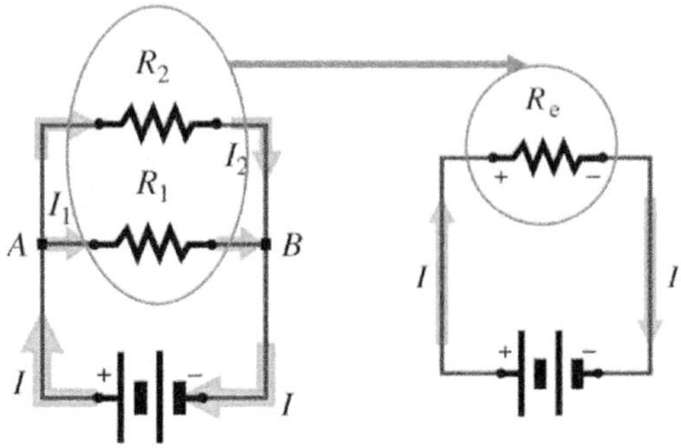

De plus, les conductances s'ajoutent :

$$G_{eq} = \sum_{i=1}^{n} G_i$$

Avec $G_{eq} = \frac{1}{R_{eq}}$ et $G_i = \frac{1}{R_i}$

- **Association en parallèle et en série**

Voyons maintenant un mélange des deux :

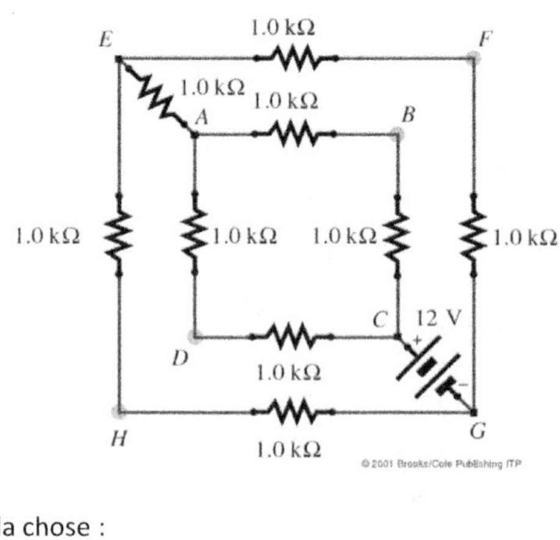

Il suffit de décomposer la chose :

$$R_{total} = R_{CG} = R_{CE} + R_{EG} = R_{CA} + R_{AE} + R_{EG}$$

Avec :

$$\frac{1}{R_{AC}} = \frac{1}{R_{AB} + R_{BC}} + \frac{1}{R_{AD} + R_{DC}}$$
$$\frac{1}{R_{GE}} = \frac{1}{R_{GF} + R_{FE}} + \frac{1}{R_{GH} + R_{HE}}$$

Circuit électrique fermé : la loi des nœuds

Puisque la charge est conservée dans le circuit électrique (équation de continuité), on peut considérer que la sommes des intensités des courants qui partent d'un nœud (dans un circuit électrique) est égale à la somme des intensités des courants qui arrivent à celui-ci.

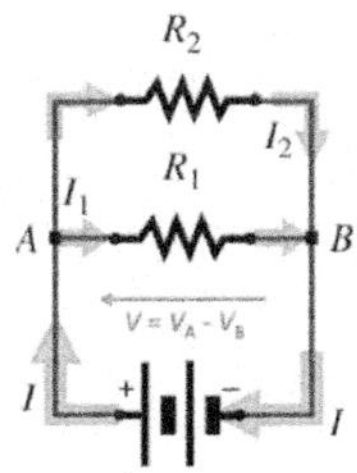

Par exemple :

En A : $I - I_1 - I_2 = 0$ donc $I = I_1 + I_2$

En B : $I_1 + I_2 - I = 0$ donc $I = I_1 + I_2$

Dans cet autre cas :

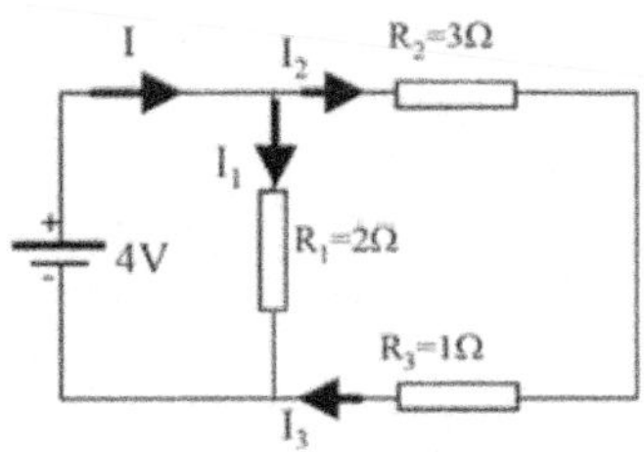

Pour calcul de I_2, on prend $R = R_2$ **+ R_3** ! Et bien sur, $I = I_2 + I_1$

Circuit électrique fermé : la loi des mailles

Si l'on parcourt une maille dans un sens donné, la somme algébrique des tensions rencontrées le long de cette maille est nulle. Par conséquent, sur un chemin fermé, la somme des différences de potentiel est nulle : $\sum V_i = 0$

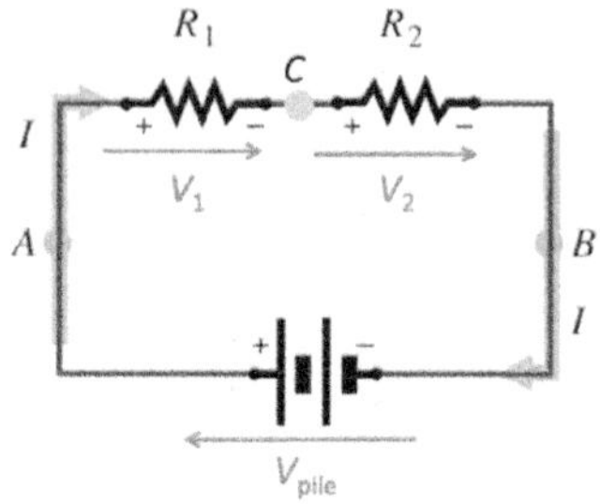

La loi d'Ohm nous dit que : $V_1 = - R_1.I$ et $V_2 = - R_2.I$

Donc $V_{pile} = V_1 + V_2 = (R_1 + R_2).I$

On parlera également d'atténuateur de tension dans ce cas.

<u>Remarque</u> : *Par ailleurs, la charge se conserve donc en l'absence de dérivation, l'intensité aussi :* $I_A = I_B = I_C$.

Normalement, le circuit consiste en une seule maille. Pour que le courant dans le circuit soit nul, il faut que la somme algébrique des sources de tension sur la maille donne zéro (deux générateur qui ne sont pas aligné tel que + va vers le -) ou que le circuit soit ouvert :

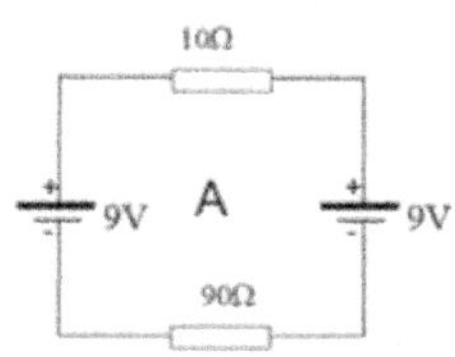

	Résistance	Condensateur
Caractéristiques	$V = RI$ $I = \frac{V}{R}$	$V = \frac{Q}{C}$ $Q = CV$
Circuit en parallèle	I et Q s'additionnent V identique	
	$I_{tot} = \sum I_i$ $\frac{1}{R_{eq}} = \sum \frac{1}{R_i}$	$Q_{tot} = \sum Q_i$ $Q_{tot} = \sum Q_i$
Circuit en série	I et Q conservés V s'additionne	
	$V_{tot} = \sum V_i$ $R_{eq} = \sum R_i$	$V_{tot} = \sum V_i$ $\frac{1}{C_{eq}} = \sum \frac{1}{C_i}$

Circuit RC : Résistance et condensateur

⇒ Quand la tension au borne d'une capacité augmente donc la charge q, le courant I et la tension V tendent exponentiellement vers leurs valeurs d'équilibre, avec une constante de temps $\tau = RC$ alors on est en <u>etat de charge</u> :

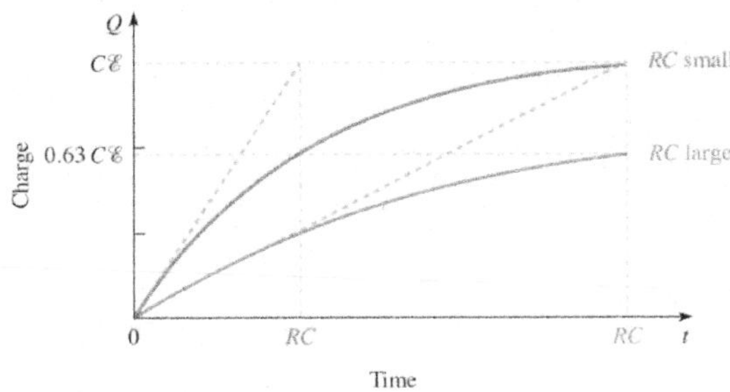

(a)

<u>*Remarque*</u> *: La charge est plus rapide si R et C sont petits.*

⇒ Quand la tension au borne d'une capacité diminue donc la charge q, le courant I et la tension V décroissent exponentiellement, avec une constante de temps $\tau = RC$ alors on est en <u>état de décharge</u> :

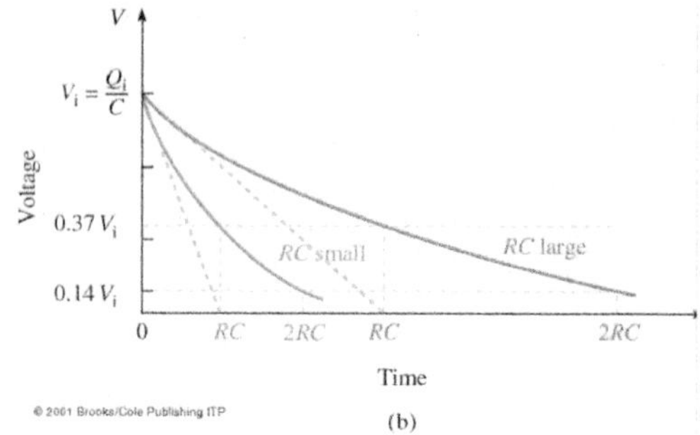

(b)

Remarque : La décharge est plus rapide (τ petit) si R et C sont petit, de même qu'elle sera plus lente (τ grand) lorsque R et C sont grands.

L'axone, exemple de circuit RC

A retenir :

⇒ La valeur du condensateur est fixe et ne change pas (si pas de déformation), c'est la tension V qui change au cours du temps selon la charge/décharge.
⇒ La mise en série d'un groupe de résistances donnera toujours la résistance équivalente la plus élevée car on additionne les résistances (modèle de l'axoplasme dans un neurone).
⇒ La mise en parallèle donne la résistance la plus faible car l'inverse de la résistance équivalente est donné par l'addition des conductances (modèle de la myéline dans un neurone).

Quelques exemples :

⇒ Modèle du nerf non myélinisé :
- La capacité qui entoure le nerf non myélinisé est celle qui provient de la membrane entourant le nerf : $C_{membrane} = C_s(2\pi r L)$
- **Vitesse** : $v = \frac{d}{RC}$

- Modèle de l'axone myélinisé :
  - **Vitesse** : $v = \frac{d}{RC}$

- Pour une même longueur, la capacité d'une section du nerf sans myéline sera 1000 fois plus grande que celle du nerf myélinisé.
- La vitesse du nerf sans myéline sera 1000 fois plus petite que la vitesse du nerf myélinisé.

En faite, les protéines membranaires sont des molécules chargées électriquement, elles peuvent donc conduire un courant électrique.
Le circuit électrique équivalent à la membrane neuronale correspond donc à un générateur de courant de 60 mV dont le pôle positif est orienté vers le compartiment extracellulaire et

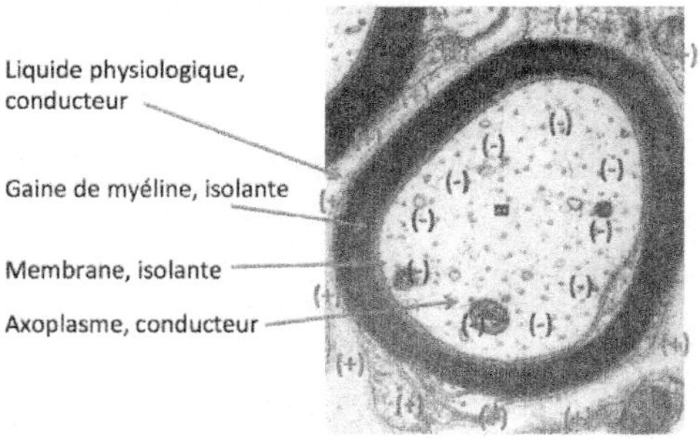

le pôle négatif vers le compartiment intracellulaire, alimentant une résistance membranaire Rm :

<u>Remarque</u> : *La valeur de cette résistance membranaire (Rm) dépend directement de la quantité de protéines incluses dans une portion de membrane. Elle est donc très variable.*

Cependant, contrairement aux protéines de membrane, la bicouche lipidique est constituée de phospholipides non conducteurs, donnant à la membrane des propriétés capacitives, qu'on représentera sous la forme de condensateur (deux éléments conducteurs séparés par un isolant) de capacité Cm. Ce condensateur joue le rôle d'un "réservoir" de charges qui absorbe les variations instantanées de ddp (différence de potentiel) entre les deux faces de la membrane.

Enfin, les deux milieux, intra- et extracellulaire, ne sont pas des conducteurs parfaits : on a donc une résistance dû au passage du courant électrique qu'on schématisera par la résistance de l'axoplasme longitudinal R_A :

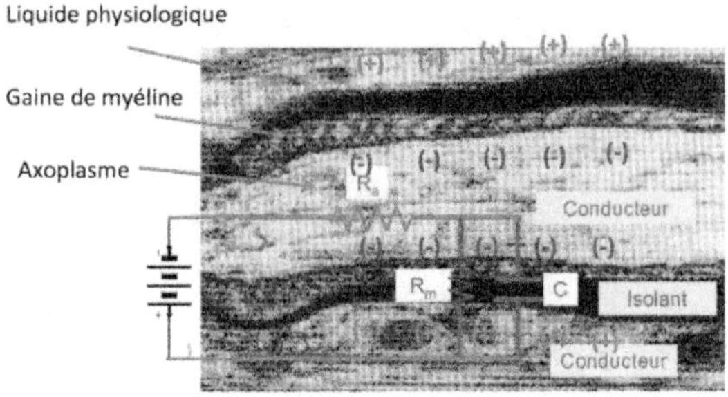

Ainsi, si nous prenons en considération tout ce que nous venons de citer concernant la membrane, donc des propriétés résistives de la membrane neuronale (résistance transversale R_m), le passage d'un courant I à travers cette membrane (courant transmembranaire I_m) faisant apparaitre une tension Um telle que :

$$U_m = R_m \times I_m \text{(loi d'Ohm)}$$

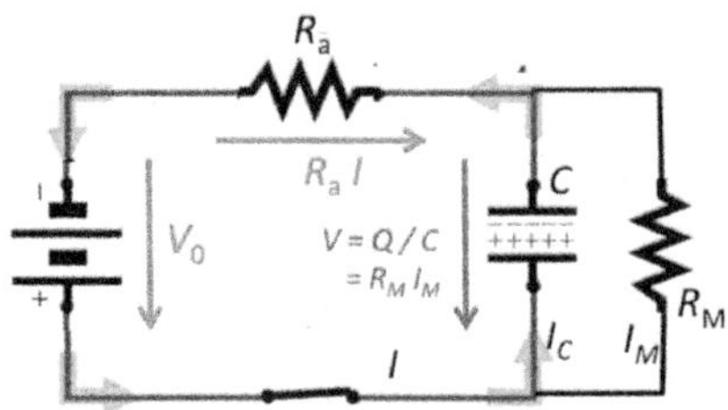

Le produit R_m x C_m est appelé la constante de temps du circuit (t) : c'est le temps nécessaire pour que la tension aux bornes de la membrane atteigne 63,2% de sa valeur maximum.

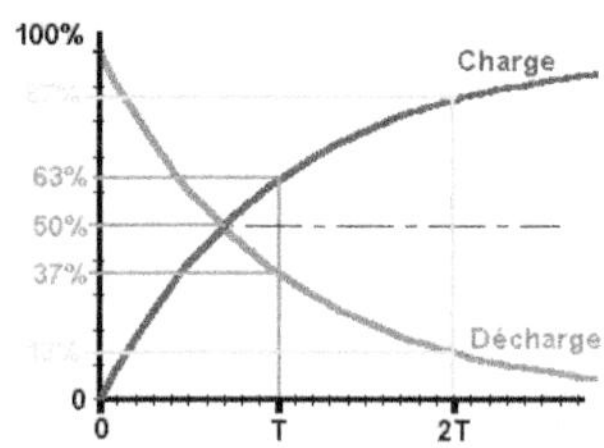

Si nous prenons maintenant en compte également la résistance de l'axoplasme (résistance longitudinale), alors le courant qui traversera cette résistance subira une chute de tension égale à ce courant multiplié par la résistance RL du segment. Cette chute de tension suit également une courbe exponentielle : la distance correspondant à une baisse de la tension de départ de 63,2% est ce qu'on appellera la constance d'espace du système.

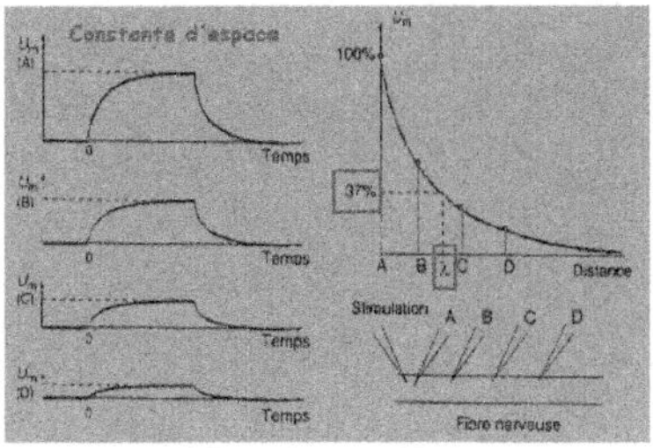

Par extension, si la résistance longitudinale est faible, la chute de tension est faible et le signal peut être conduit sur une grande distance : la constance d'espace est alors élevée et inversement.

Remarque : *Cette résistance longitudinale R_A est directement liée au volume de l'axoplasme. Un axone de petit diamètre (volume faible) induira une grande résistance longitudinale et donc une constance d'espace faible et inversement.*

A retenir :

On modélise un axone par une suite de résistances en série et en parallèle : R_A représentant la résistance de l'axoplasme et R_M la résistance de la membrane.

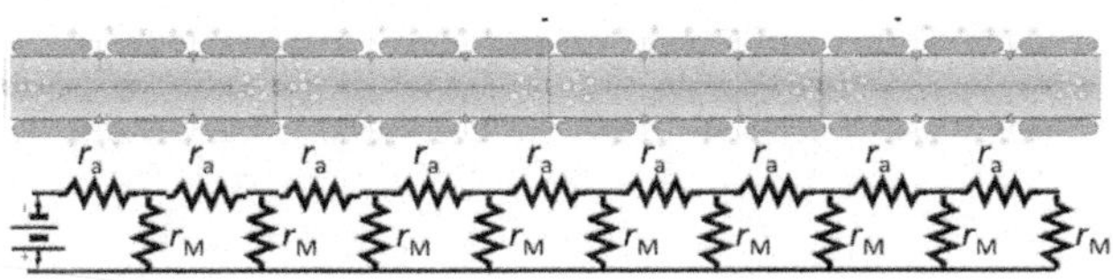

Si, provisoirement, nous négligons la capacité et donc le retard associé en nous interressant uniquement à l'évolution de la tension à travers la gaine de myéline, en fonction de la distance x le long de l'axone, nous pouvons soit représenter cela par des nœuds et mailles, comme nous l'avons vu précédemment, soit parler de modélisation globale c'est à dire :

$$R_A = \sum r_a = \frac{\rho_a L}{\pi r^2}$$

$$\frac{1}{R_m} = \sum \frac{1}{r_m} = \frac{2\pi r L}{e\rho_m}$$

Avec ρ la résistivité.

Enfin, la constante d'espace dépend de la résistance de fuite. La gaine de myéline augmente la résistance de fuite (200 fois plus grande lorsqu'il y a de la myéline), donc diminue l'atténuation de l'influx nerveux : la propagation se fait donc a plus grande distance car à chaque nœud de Ranvier (environ 1 mm < λ) on aura une amplification du signal. On parlera de propagation saltatoire : $\lambda_m = \sqrt{\frac{e\rho_m r}{2\rho_a}}$.

ONDES

L'onde

Définition : Une onde correspond à la propagation d'une perturbation, quelle qu'en soit sa nature. Elle est caractérisée par sa célérité (sa vitesse) et, lorsqu'elle possède une double périodicité (spatiale et temporelle) alors on parlera d'onde sinusoïdale.

Une onde progressive est une onde qui se propage sans transport de matière, dans un milieu qui reste identique. C'est le cas par exemple des ondes sismiques, des ondes radioélectriques, ou encore plus simplement au petites vagues à la surface de l'eau.

<u>Remarque</u> : Une onde transporte cependant de l'énergie et de la quantité de mouvement.

Ce type d'onde peut donc se propager dans toutes les directions, dans le cas contraire où l'onde ne se propage que dans une seule direction, on parlera d'onde progressive à une dimension. Il en existe deux types :

⇒ Une **onde transversale** a une perturbation perpendiculaire à la direction de propagation de l'onde (par exemple l'onde sur une corde tendue).

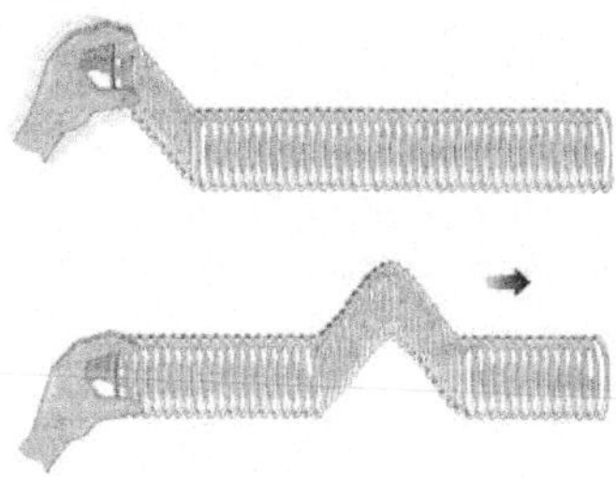

⇒ Une **onde longitudinale** a une perturbation parallèle à la direction de propagation de l'onde (par exemple l'onde de pression).

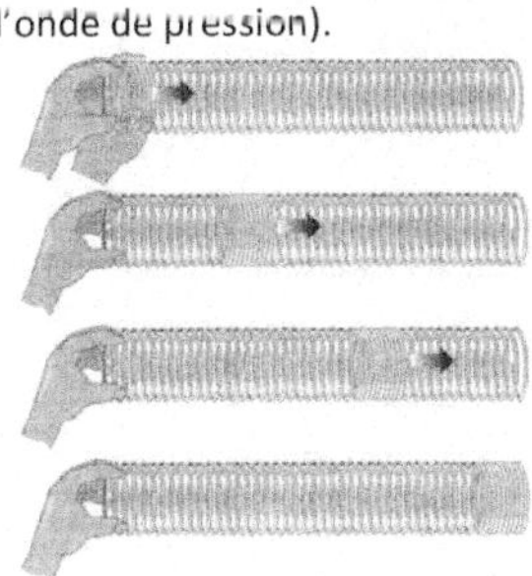

Remarque : Même si la perturbation se propage, les atomes individuels eux resteront à leur position d'équilibre.

L'onde sinusoïdale

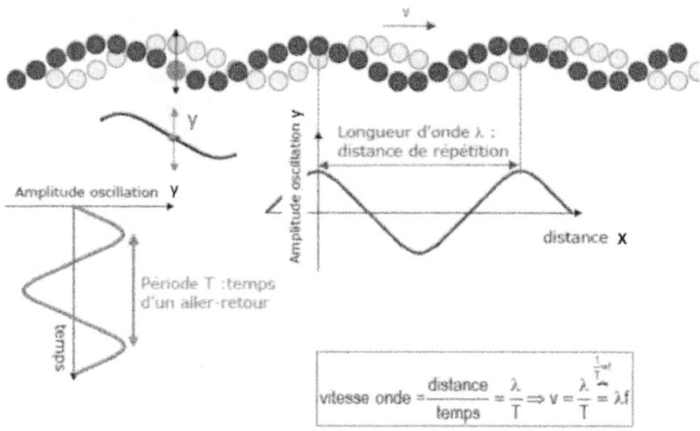

La **périodicité temporelle T** est appelé la **période** (en secondes) : c'est le temps nécessaire pour qu'on point du milieu de propagation oscillant revienne à son point de départ, en allant dans le même sens.

La **périodicité spatiale λ** est appelé la **longueur d'onde** (en mètre) : c'est la distance qui sépare deux vagues successives. Celle-ci est constante puisque chacune des vagues progresse à la même vitesse.

Ainsi, une période T est le temps nécessaire qu'il faut pour qu'une vague avance d'une longueur d'onde λ.

Ces deux périodes ne sont pas indépendantes puisque $v = \frac{d}{t} = \frac{\lambda}{T}$ donc $\lambda = vT$

Définition : On appellera la surface d'onde, ou ligne d'onde, toute surface qui réunit TOUT les points atteints en même temps, par l'onde sinusoïdale. Si l'onde est plane, les surfaces d'ondes sont alors des plans parallèles (ou les lignes d'onde sont des droites parallèles).

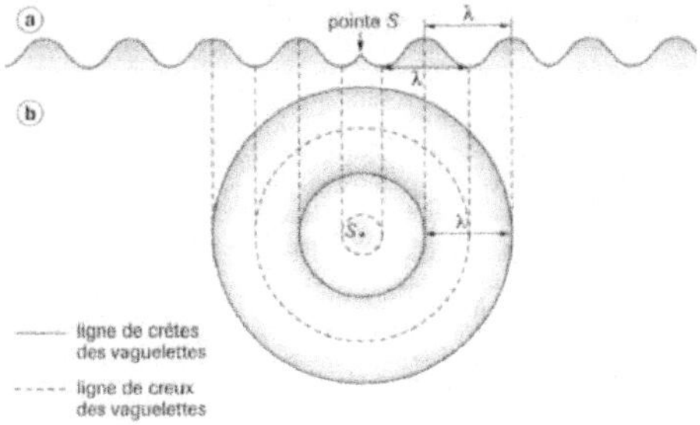

Définition : La direction de propagation, aussi appelé rayon de l'onde, correspond aux courbes qui en tout points sont orthogonaux à l'ensemble des surfaces (ou lignes d'ondes). En générale, ce sont des lignes droites.
Les rayons d'onde sont parrallèle si l'onde est plane. Si l'onde est circulaire, les rayons partiront tous d'une même origine.

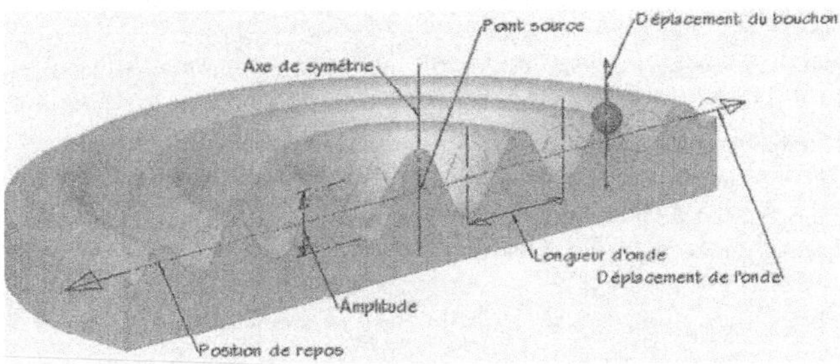

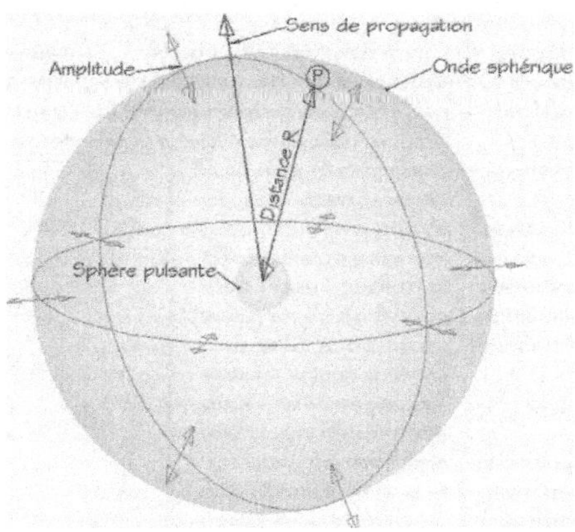

<u>Remarque</u> : Le front d'onde est une surface virtuelle formée par l'ensemble des points qui vibrent en phase.

Par exemple, le son est une onde mécanique, caractérisé par sa hauteur, son timbre et son intensité.

L'équation de d'Alembert est une forme générale décrivant l'évolution spatiale et temporelle de l'équation d'onde. Elle décrit une onde qui se conserve dans le temps et l'espace (la variation dans le temps est compensée par une variation dans l'espace) :

$$\frac{\mathrm{d}^2 \mathrm{y}}{\mathrm{dx}^2} = \frac{1}{\mathrm{v}^2}\frac{\mathrm{d}^2 \mathrm{y}}{\mathrm{dt}^2}$$

Cette équation s'applique aussi (de manière non-exhaustive) à l'optique, l'électronique, la mécanique des fluides, etc.

Cette équation vient du fait que, si on prend l'oscillation d'une onde sur une corde tendue qui se déplace selon x avec une perturbation y vertical :

- ⇒ A une position x fixe, nous pouvons donnée la variation vertical y de la corde en fonction du temps : $y(t) = y_m \sin(\omega t)$ avec $\omega = 2\pi f = 2\pi/T$
- ⇒ A un temps t fixe, nous pouvons donnée la variation vertical y de la corde en fonction de la distance x : $y(x) = y_m \sin(kx)$ avec $k = 2\pi/\lambda$
- ⇒ On sait aussi que x et t sont reliés par la vitesse v de l'onde $v = \frac{dx}{dt} = \frac{\lambda}{T}$
- ⇒ Ainsi, t et x jouent un rôle similaire pour y, c'est seulement l'argument du sinus qui influence. Si on déplace l'onde d'une grandeur $v\Delta t$ ou d'une longueur Δx, on obtient un même déphasage : $y(x,t) = y_m \sin(kx - \omega t)$

L'onde stationnaire

Une onde stationnaire est un phénomène qui résulte de la **propagation simultanée dans des sens opposés de plusieurs ondes de même fréquence et de même amplitude**, dans le même milieu physique, qui forme une figure dont certains éléments sont fixes dans le temps (c'est le cas des points rouge sur ce schéma).

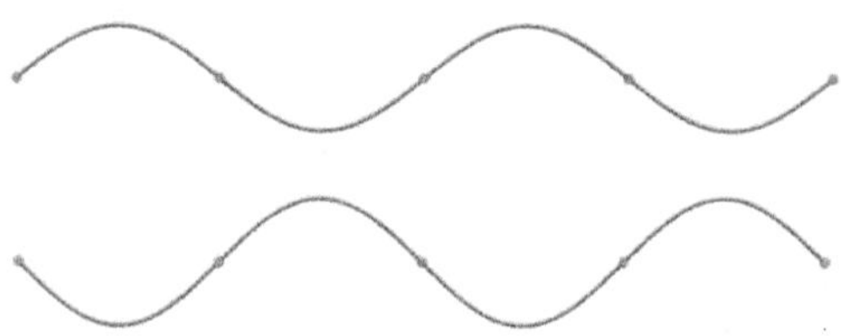

Au lieu d'y voir une onde qui se propage, on constate une **vibration stationnaire** mais d'intensité différente, en chaque point observé. Les **points fixes caractéristiques sont appelés des nœuds de pression**.

Les ventres sont là ou l'amplitude est maximale.

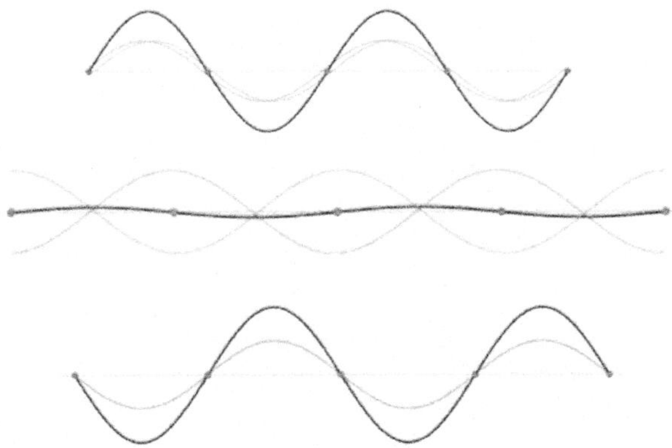

<u>Remarque</u> *: Les nœuds présentent une pression acoustique nulle mais l'intensité acoustique est constante lors des ondes stationnaires.*

> **A retenir** : Si deux ondes se rencontrent, elles entrent en interférence : leurs élongations peuvent s'ajouter en créant soit des amplitudes plus élevé (interférences constructives), soit des amplitude nulles (interférences destructives).

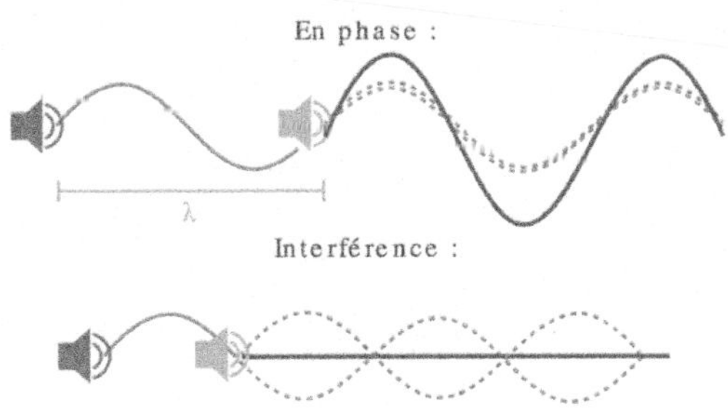

Exemple d'application : les concerts

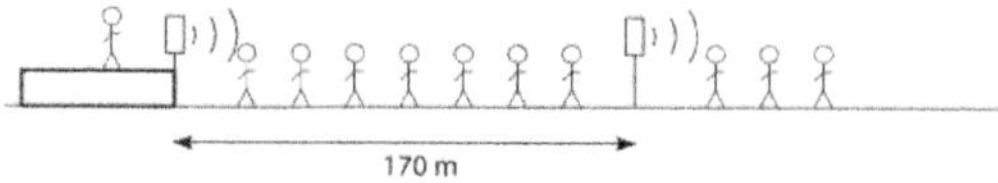

- Les **ondes électriques se propageant beaucoup plus vite que le son**, nous pouvons considérer ici que les signaux électriques arrivent simultanément sur les enceintes placées sur le devant de la scène ainsi que sur celle placées à 170 m (voir le schéma).
- Cependant, la **deuxième rangée peut avoir un effet d'écho dû au faite qu'ils reçoivent le son de la première enceinte et de la deuxième.**
- L'onde sonore se propageant à une vitesse finie, 340 m/s environ, le son provenant de la première rangée d'enceintes arrive donc aux spectateurs du fond avec environ $t = d/c_{son} \simeq 0,5$ s par rapport au son de la deuxième rangée d'enceintes.
- Pour corriger la situation, il faut ralentir l'arrivée des signaux électriques vers la deuxième série d'enceintes de 0,5s.

Remarque : Pour cela, on pourrait aussi rallonger les câbles afin de corriger ce décalage, mais les longueurs nécessaires ne sont pas réalistes. On a généralement recours à des lignes à retard : ce sont des éléments qui propagent très lentement le signal (on utilisait par exemple des ondes sonores dans des composants électroniques). Aujourd'hui, on utilise plutôt des mémoires numériques.

Exemple d'onde de pression : le son

Définition : Une onde sonore est une oscillation de la pression en fonction du temps autour de la pression atmosphérique.

La vitesse de l'onde vaut : $v = \sqrt{\frac{K}{\rho}}$

Par exemple, pour ce type d'instruments :

La vitesse de l'onde est la même mais le son est différents uniquement à cause de la taille des différents tuyaux.

A retenir :

- La vitesse de propagation d'une onde sonore dépend uniquement du milieu de propagation, donc pour des observateurs a la même distance de la source, ils entendront simultanément (Ne dépend pas de la vitesse de la source !)

- **Plus on augmente en altitude, plus la vitesse du son sera faible.**

Le son

Une onde acoustique est une perturbation mécanique (ondes acoustiques sinusoïdales longitudinales sphériques via une variation de pression) qui se propage dans un milieu matériel. Ainsi, on considère que les surfaces d'onde sont des sphères concentriques (centré sur la source) et les rayons d'onde sont des segments de droite qui parte de la source.

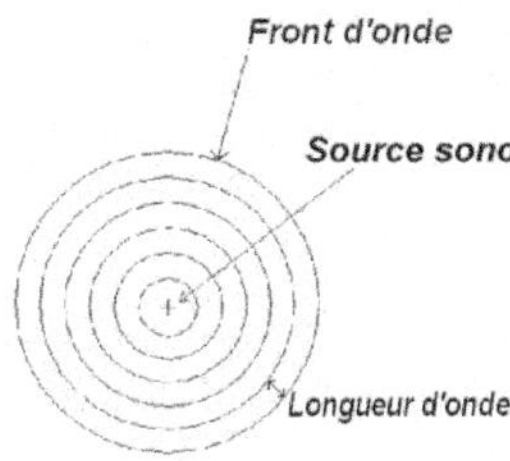

En fait, le son est simplement composé d'ondes acoustiques. Ces ondes sont mesurables et quantifiables de part :

⇒ Leur amplitude.
⇒ Leur fréquence.
⇒ Leur phase.
⇒ Leur durée.

Remarque : L'amplitude des ondes prends en compte toutes ces notions : la forme d'onde, la pression acoustique, l'intensité, la puissance acoustique, l'atténuation.

L'humain peut entendre des sons dont les fréquences sont comprises entre 20 Hz et 20 kHz :

<u>Remarque pour l'ultrason :</u>

⇒ L'échographie est un exemple d'utilisation d'ultrason : elle utilise la réflexion des ondes sonores de hautes fréquences aux interfaces des différents organes pour construire une image.

⇒ De manière générale, on parle d'ultrason au delà de 20 kHz, soit 0.02 MHz. **Les appareils d'échographie actuels fonctionnent généralement entre 1.5 et 20 MHz,** soit bien au-delà des fréquences audibles.

⇒ Les ondes ultrasonores réfléchis **dépendent fortement de la nature de l'interface** (rein - graisse, muscle - os, etc.).

⇒ Chaque milieu absorbe une certaine quantité d'énergie transportée par l'onde en fonction de sa nature. Cette énergie absorbée peut contribuer à **élever localement la température.**

Nous avons vu que les ondes acoustiques se propageaient dans l'air, or vous savez que l'air est déjà à pression atmosphérique : c'est à dire qu'a chaque surface en contact avec l'air, celle-ci subit une force correspondant au poids de la colonne d'air qui repose sur celle-ci, l'équivalent du poids de tout l'air qui pèse sur elle jusqu'à la dernière couche d'air avant le vide de l'espace.

Une fois qu'on comprend cela, il faut simplement se dire que la pression d'équilibre correspond à la pression atmosphérique et la pression acoustique, créer par la source sonore, va faire dévier et osciller la pression atmosphérique.

L'intensité et puissance acoustique

Cette pression acoustique nous permet justement de mesurer l'intensité acoustique, noté I. Même si cette notion semble un peu abstraite, elle correspond en gros au flux d'énergie amené par une source sonore (en W/m^2). Par analogie, c'est ce que la puissance est à la force.

$$I = \frac{\Delta P_{max}^2 / 2}{\rho . v} = \frac{\Delta P_{eff}^2}{\rho . v}$$

ΔP_{eff} l'amplitude « moyenne » d'une onde qui produirait la même intensité que ΔP_{max}. Si on considère une onde comme étant sinusoïdale, alors :

$$\Delta P_{eff} = \frac{\Delta P_{max}}{\sqrt{2}}$$

L'oreille humaine a également une sensibilité concernant l'intensité, même si la sensibilité en intensité n'est pas uniforme pour toutes les fréquences :

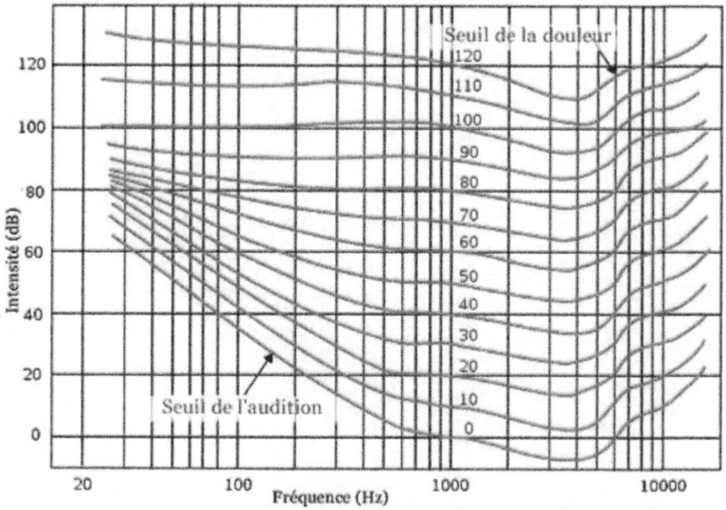

<u>Remarque</u> : *La sensibilité de l'intensité est comprise entre 10^{-12} W/m^2 (seuil d'audition) et 1 W/m^2 (seuil de douleur).*

Bien souvent, on définira le niveau d'intensité du son β grâce à une échelle logarithmique afin de relier la sensation subjective (volume sonore) et la quantité mesurable (intensité) :

$$\beta = 10\ log_{10}\frac{I}{I_0}$$

Avec β en décibel et $I_0 = 10^{-12}\ W/m^2$

<u>Remarque</u> : *L'étendue totale de la gamme d'intensité audible correspond à 120 dB.*

A retenir :

⇒ En augmentant l'intensité d'un facteur 10, on augmente le niveau sonore de 10dB. Si l'intensité augmente d'un facteur 100, on augmente le niveau sonore de 20dB. Si on double l'intensité, le niveau sonore n'augmente que de 3dB.

⇒ L'intensité sonore varie comme le carré de l'amplitude de l'onde.

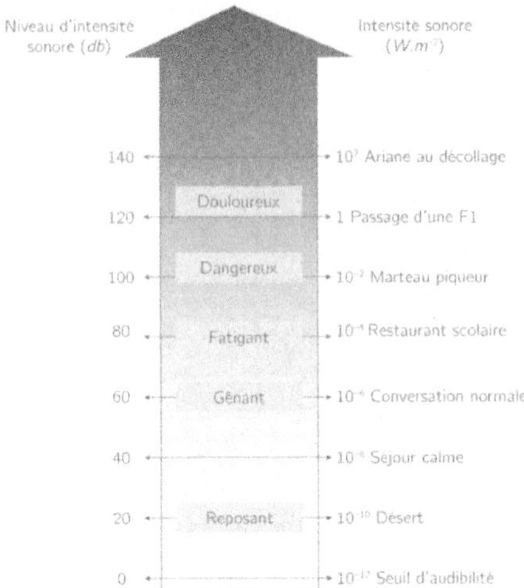

L'analyse spectrale d'un son

Les sons produits par une source peuvent être :

⇒ Un son pur si l'onde sonore est une fonction sinusoïdale.

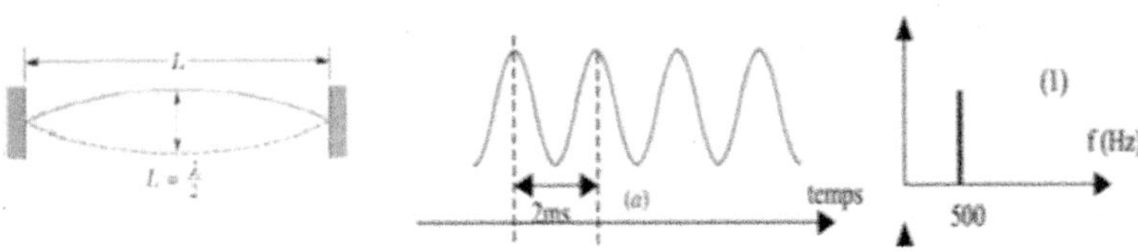

⇒ Un son complexe si l'onde sonore est périodique non sinusoïdale.

En gros, un son pur n'aura qu'une seul fréquence (celle de son fondamentale) alors qu'un son composé aura plusieurs fréquences dans son spectre (fondamentale + harmonique).

Pour définir la composition d'un son complexe, il faut établir l'analyse spectrale du son, c'est à dire sa représentation graphique de l'amplitude relative d'un signal en fonction de sa fréquence :

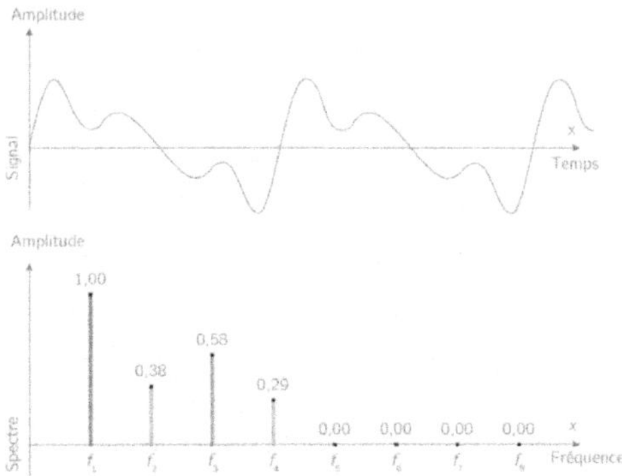

<u>Remarque</u> : On parlera de spectre de Fourier pour représenter les différentes amplitude qui constitue les différentes fréquences (fondamentale + harmonique).

Lorsqu'on a une même fréquence fondamentale mais une amplitude des harmonique différents, alors on considère que c'est simplement différents instruments de musique qui ont une même fréquence :

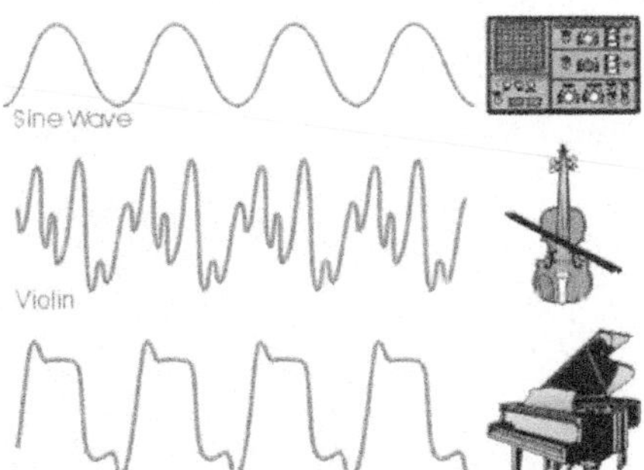

On peut voir que le violon et le piano ont besoin de plus de sinus pour reconstitué le spectre. De même, on peut synthétiser de manière électronique tous les timbres d'instruments, existant ou non, à l'aide de de synthétiseur qui combinera la bonne série de sinus.

<u>Remarque</u> : Un diapason aura un spectre purement sinusoïdal, son oscillation est parfaite.

En faite, le timbre d'un son se définit par la présence de différents pics du spectre en fréquence de ce son appelés harmonique. La fréquence des harmoniques sont toutes multiples de la fréquence du fondamentales :

$$f_n = n \times f_1 = n\frac{v}{2L}$$

$$\lambda = \frac{2L}{n} \text{ car } f = \frac{v}{\lambda}$$

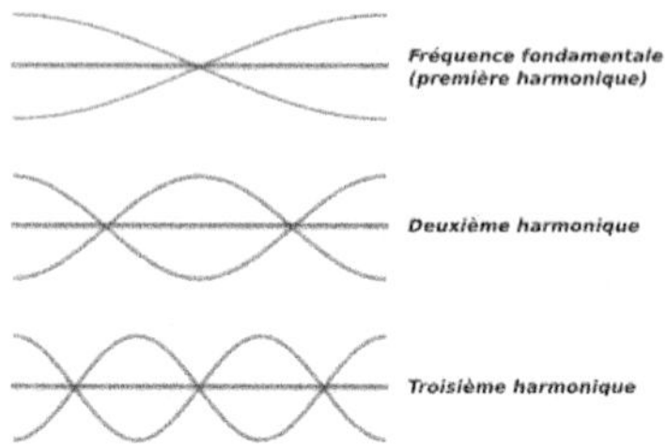

<u>Important</u> : La fréquence du fondamental est la même quelque soit le milieu. Par exemple pour une guitare, la fréquence dans la corde et dans l'air sera la même ! La seul différence en changeant de milieu est la vitesse de l'onde ou sa longueur d'onde.

De plus, la longueur d'onde est donnée uniquement par la longueur de la corde, mais la fréquence dépend aussi de la vitesse v, qui est donné par la tension et la masse linéique. Par exemple, pour la guitarre et le violon, toutes les cordes ont la même longueur mais des masses linéiques différentes (on accorde en réglant la tension) tandis que pour le piano ou la harpe, les cordes sont de tailles différentes (la note basse provient dûne corde longue et lourde).

<u>Remarque</u> : Ces cordes, de guitare par exemple, ne touche qu'une petite quantité d'ir (ce ne sont pas des sons de grandes intensité), c'est pour cela qu'on les associe à des caisses de résonnance.

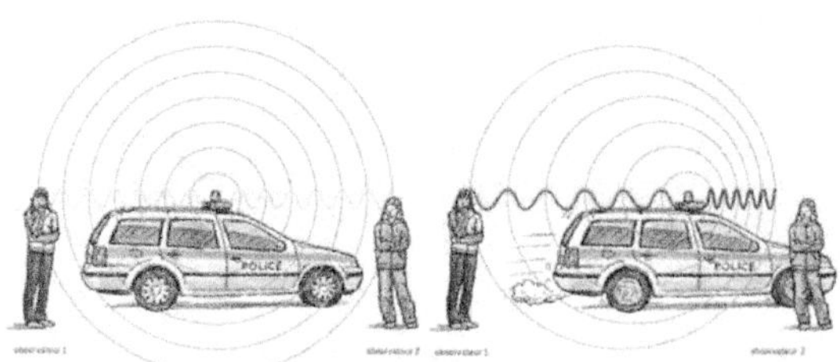

OSL Œuvre Suisse des Lectures pour la Jeunesse

L'effet doppler

L'effet doppler est un phénomène caractérisé par un changement apparent de la fréquence d'un signal dû à l'existence d'une vitesse relative entre l'émetteur du signal et le récepteur. Ainsi, la perception de la fréquence d'une onde et de sa longueur d'onde dépendra du mouvement de chacun.

⇒ Premier cas : Source en mouvement et observateur immobile

- **Si la source se rapproche du récepteur alors :**

$$f_{rec} = \frac{f_{source}}{1 - \frac{v}{c}}$$

On aura $f_{rec} > f_{source}$ car il y aura une augmentation de la fréquence reçue par rapport à la fréquence émise.

- **Si la source s'éloigne du récepteur alors :**

$$f_{rec} = \frac{f_{source}}{1 + \frac{v}{c}}$$

On aura $f_{rec} < f_{source}$ car il y aura une diminution de la fréquence reçue par rapport à la fréquence émise.

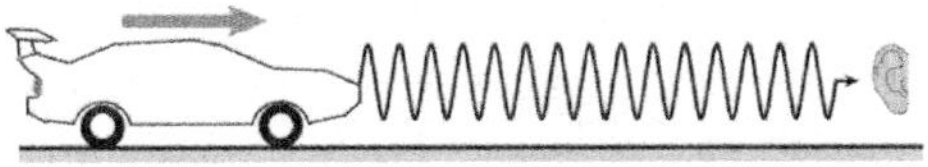

Le véhicule se rapproche : le son est perçu plus aigu

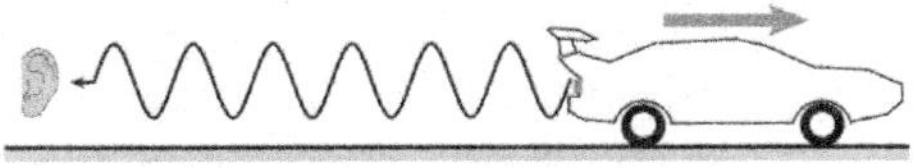

Le véhicule s'éloigne : le son est perçu plus grave

⇒ Deuxième cas : Source immobile et observateur en mouvement

- **Si l'observateur se rapproche de la source alors :**

$$f_{rec} = f_{source}(1 + \frac{v}{c})$$

On aura $f_{rec} > f_{source}$ car il y aura une augmentation de la fréquence reçue par rapport à la fréquence émise.

- **Si l'observateur s'éloigne de la source alors :**

$$f_{rec} = f_{source}(1 - \frac{v}{c})$$

On aura $f_{rec} < f_{source}$ car il y aura une diminution de la fréquence reçue par rapport à la fréquence émise.

<u>Remarque</u> : Bien sur, v correspond à la vitesse de celui qui est en mouvement, donc dans notre premier cas v est la vitesse de la source et dans notre deuxième cas, v est la vitesse de l'observateur.

⇒ Troisième cas : Source et observateur immobile

La source émet une onde sonore de fréquence f (et de période T) qui se propage dans l'air avec la célérité v. Sa longueur d'onde λ vaut $\lambda = vT = \frac{v}{f}$.

On aura : $f_{rec} = f_{source}$

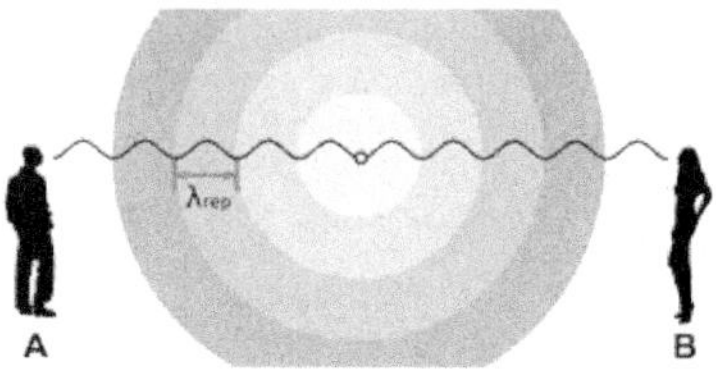

On peut combiner les résultats en une seule formule :

$$f_o = f_s\left(\frac{v \pm v_o}{v \mp v_s}\right)$$

Les signes du dessus s'appliquent si la source et l'observateur se rapprochent l'un de l'autre et les signes du dessous s'ils s'éloignes.

Plus simplement, on comprend qu'on appelle décalage Doppler la différence entre la fréquence émise et la fréquence reçue.

<u>Remarque</u> : On parlera d'effet Doppler pour les ondes sonores et d'effet Doppler-Fizeau pour les ondes lumineuses. C'est d'ailleurs ce dernier effet qui a permit la découverte de planètes extrasolaires, aussi appelé exoplanète, et le phénomène d'expansion de l'Univers.

Une autre utilisation, plus médical, de l'effet doppler est l'échographie Doppler à ultrason : les ultrasons émis par la sonde seront réfléchis par les globules rouges dans le sang, nous permettant de connaitre la vitesse du sang :

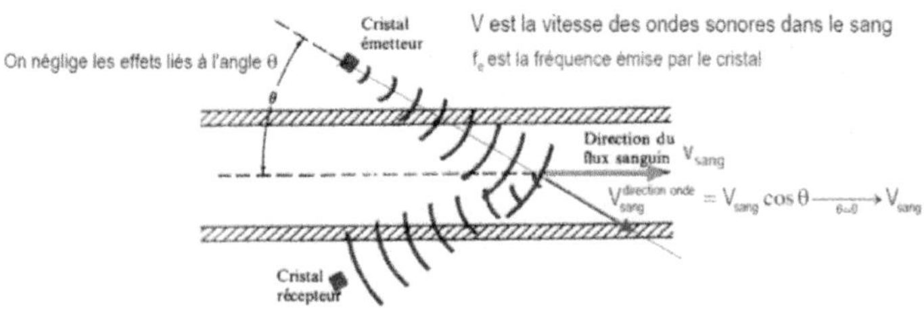

Ondes électromagnétiques

L'onde électromagnétique

On parlera de rayonnement électromagnétique pour parler du phénomène et d'onde électromagnétique pour représenter ce phénomène. On peut également représenter ce phénomène avec le photon, nous le verrons plus tard.

En fait, une onde lumineuse est une onde électromagnétique dont la longueur d'onde correspond au spectre visible (entre 400 et 800 nm), correspondant aux énergies de photon de 1,5 à 3 eV.

Les ondes électromagnétiques sont formées de 2 ondes oscillant perpendiculairement l'une par rapport à l'autre : le champ électrique et le champ magnétique en oscillation. On peut le représenter de cette manière :

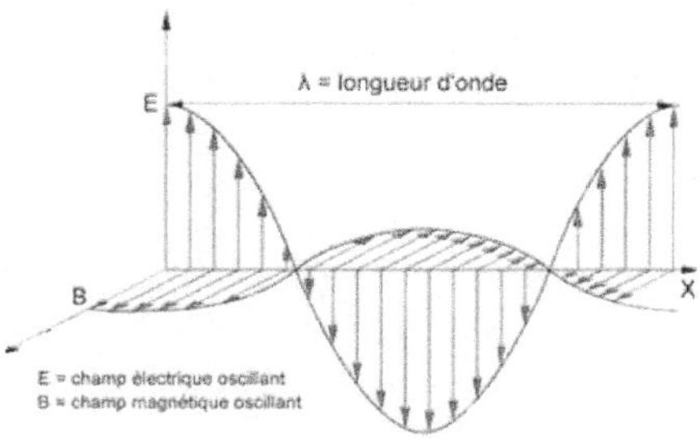

<u>Remarque</u> : La lumière visible est un exemple de rayonnement électromagnétique mais ne représente qu'une petite tranche du large spectre électromagnétique.

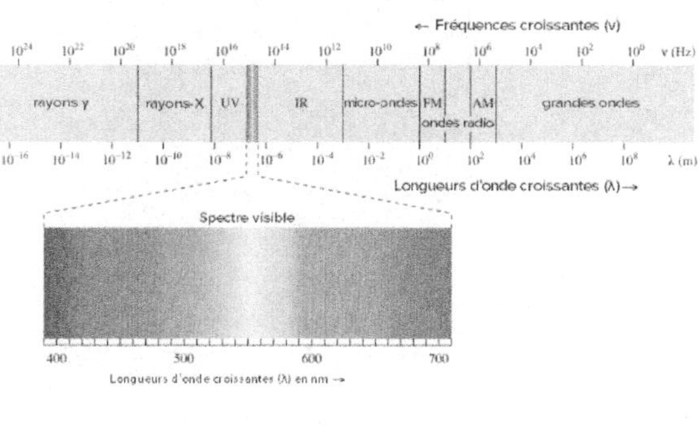

Exemple d'onde électromagnétique : rayon X, gamme, lumière d'une lampe, ondes radio, microondes...

Remarque : Avant, on était certain que ces rayonnements (IR, microonde, ondes radio) n'étaient pas dangereux pour la santé du à leur basse fréquence (donc faible énergie) mais aujourd'hui, avec l'augmentation des objets connectés et l'exposition permanente à ces rayonnements, des études montrent une potentielle nocivité.

Les rayons gamma sont les plus dangereux car ils possèdent la plus haute énergie (plus haute fréquence). Bien heureusement pour nous, l'atmosphère terrestre absorbe la grande majorité de ces rayonnements provenant de l'espace.

En faite, la propagation de ces ondes électromagnétiques donne lieu à de nombreux phénomènes comme l'atténuation, l'absorption, la diffraction et la réfraction, le décalage vers le rouge, les interférences, les échos, etc.

A retenir :
Dans un milieu homogène et isotrope, l'onde électromagnétique se propage en ligne droite.
- ⇒ Si l'onde rencontre un obstacle, il y a diffraction.
- ⇒ Lors d'un changement de milieu, il y a réflexion et réfraction,
- ⇒ Si les propriétés du milieu changent, il y a aussi réfraction,
- ⇒ Lorsqu'une onde rencontre un atome, elle change de direction, c'est la diffusion,
- ⇒ etc.

Si on récapitule, il y a deux manière de décrire les rayonnements électromagnétiques :
- ⇒ **De manière corpusculaire** comme la propagation de photons (que nous verrons apr la suite) :

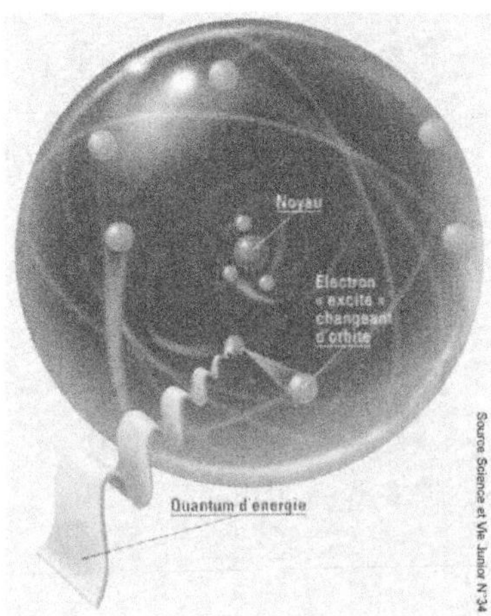

⇒ **De manière ondulatoire** comme une onde électromagnétique (champ électrique couplé à un champ magnétique) :

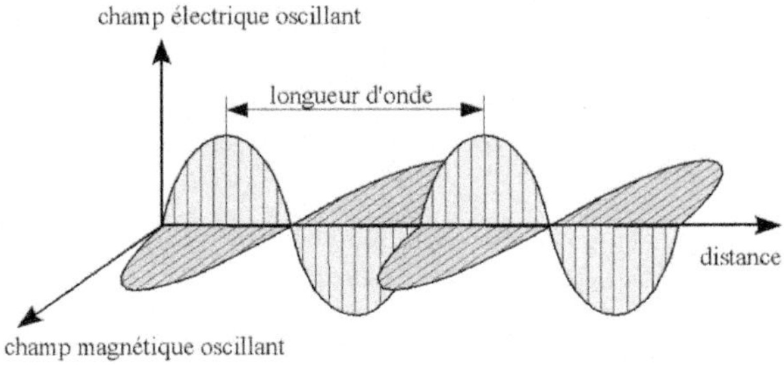

- **Quelques rappels des caractéristiques des ondes : amplitude, longueur d'onde et fréquence**

> **Quelques rappels :**
> Une onde possède un creux et une crête :
> ⇒ La distance verticale entre le sommet de la crête et l'axe central de l'onde est appelée amplitude. Elle caractérise l'intensité de l'onde
> ⇒ La distance horizontale entre deux creux (ou crêtes) consécutifs est la longueur d'onde.

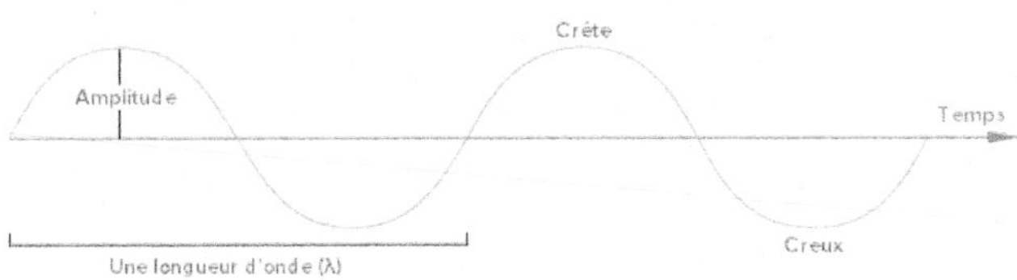

La fréquence de l'onde représente le nombre de longueurs d'onde qui passe, pour un point donné, par unité de temps, en Hertz.
Puisque la longueur d'onde λ et la fréquence v sont inversement proportionnelles : plus la longueur d'onde est petite, plus la fréquence sera grande, et inversement.

$$c = \lambda v$$

Avec c la vitesse de la lumière dans le vide (donc une constante).

<u>Remarque</u> : Tout rayonnement électromagnétique, peut importe sa longueur d'onde ou sa fréquence, se propage à la vitesse de la lumière.

La période d'une onde est le temps que mettra une longueur d'onde a passer par un point donné, en seconde. C'est l'inverse de la fréquence :

$$T = \frac{1}{f}$$

A retenir :

Une onde électromagnétique est constituée d'un **champ électrique ET d'un champ magnétique**. Les **composantes de champ électrique et magnétique sont directement proportionnelles** : E = cB. Si B (champs magnétique) double, E double (champs électrique) également et la densité d'énergie moyenne quadruple.

- L'ondes électromagnétiques se propagent **dans la matière mais aussi dans le vide** (onde sonore et mécanique sont obligé d'avoir de la matière).
- Cette onde peut être **absorbée par la matière, mais aussi émise** (p.ex. par un laser, nous le verrons par la suite).
- Elle se déplace a la vitesse de la lumière 3.10^8.

Dualité de la lumière

Auparavant, les physiciens pensaient que les ondes lumineuses et la matière étaient deux choses à part entière : la matière est faite de particules avec une masse et dont la position dans l'espace est connue à chaque instant tandis qu'une onde lumineuse n'a pas de masse et une position dans l'espace ne pouvant pas être déterminée avec précision.

A retenir :

- Le **rayon d'une orbite n d'un atome vaut :** $\mathbf{r_n = n^2 . r_1}$ avec r_1 étant le rayon de Bohr.
  - Remarque : Le proton est présent dans le noyau de l'atome. Ce sont les électrons qui sont en "orbite".
  - **L'énergie d'une orbite vaut** $\frac{13,6}{n^2}$ car 13,6 est l'énergie de l'orbite fondamentale.
  - Le processus de désexcitation peut être spontanée ou provoquée, nous le verrons ensemble par la suite.

De nos jours, nous pensons tout autrement grâce aux découvertes de Max Plank : la matière absorbe ou émet de l'énergie uniquement par multiples de $h\nu$ avec h la constante de Plank et ν la fréquence de la lumière absorbée ou émise. L'énergie n'est donc pas une grandeur continue, transférable en n'importe quelle quantité. En réalité, l'énergie est bien quantifiée : on ne peut la transférer que par "paquets" (ou particules) de $h\nu$: c'est ce qu'on appellera le quanta d'énergie (au singulier le quantum d'énergie).

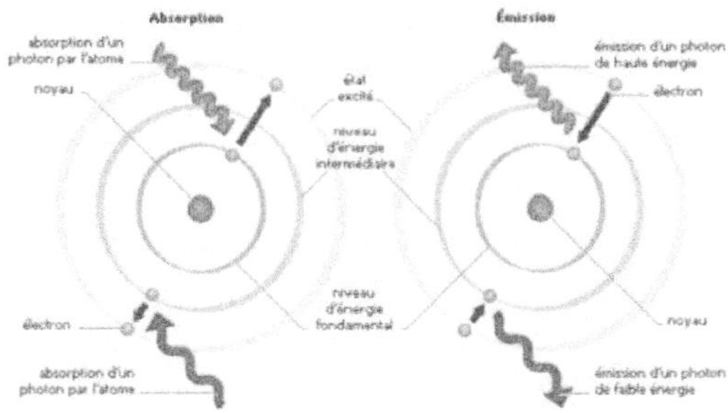

On représentera plus souvent de manière simplifié :

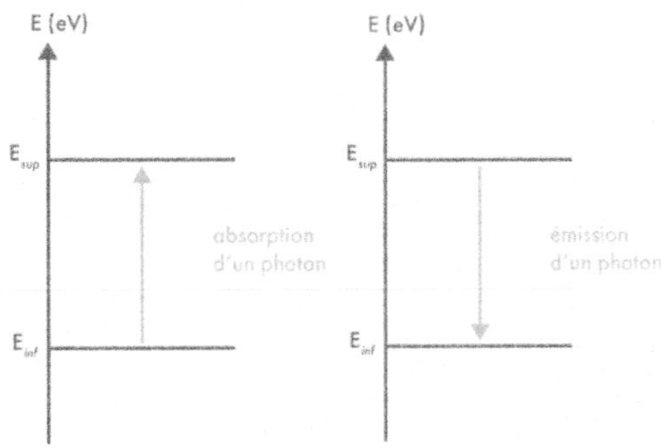

Par exemple, un corps chauffé va rayonner car il va émettre des ondes électromagnétiques (c'est un corps incandescent). On peut voir ce phénomène lorsque le métal chauffe et devient rouge puis jaune puis blanc : plus il est chaud et plus le corps émettra une lumière enrichie vers le violet (dans le spectre) jusqu'à ce qu'il émette toutes les lumières du spectre visible et deviennent blanc.

Un corps noir est justement un corps qui est capable d'absorber toutes les radiations recues et émettre toutes les longueurs d'onde lorsque celui-ci est chauffé. Son spectre d'émission est continu, il dépend cependant de la température de surface du corps.

La loi de Wien nous explique ainsi que la longueur d'onde maximal et la température du corps sont liés :

$$\lambda_{max} = \frac{2{,}898 \times 10^{-3}}{T}$$

Avec λ_{max} en mètre et T en kelvin.

Rappel : La température en kelvin est reliée à la température en degré par lorsqu'on ajoute 273,15 à la température en degré, donc 25° vaut 298 K.

On peut donc étudier la lumière comme une onde (caractère ondulatoire) mais aussi comme une émission de particules de matière.

Les photons

On peut décrire la lumière comme étant composé de « grain de lumière », ou encore « paquet d'énergie » qu'on nommera photons. Cette énergie peut être quantifié, d'où l'utilisation du terme « quantum d'énergie ».

Remarque : Lorsque ce photon rencontre un atome, les électrons sont « éjectés » de cet atome, c'est ce qu'on nommera l'effet photoélectrique.

Nous pouvons mesurer la quantité d'énergie des photons de plusieurs manières :

$$E = h \times v = \frac{h}{\lambda}$$

$$v = \frac{E}{h}$$

$$E = \frac{h \times c}{\lambda}$$

$$\lambda = \frac{h \times c}{E}$$

Remarque : Celui puisqu'on sait que $\lambda = \frac{c}{v}$

A retenir :

- ⇒ Un photon a une masse de 0 !
- ⇒ Il se déplace à la vitesse de la lumière.
- ⇒ Ils sont considérés comme des ondes ET des particules.
- ⇒ Ils peuvent être comptés (exemple : sur un détecteur).

Théorie déterministe : c'est le modèle de trajectoire de l'électron sur l'orbite.

Modèle quantique classique : modèle de probabilité de trouvé une certaines particules à un certain endroit.

Pour en revenir à la représentation de l'énergie quantifié des photons, nous pouvons voir les différents niveaux sur ce graphique (exemple pour l'atome d'hydrogène) :

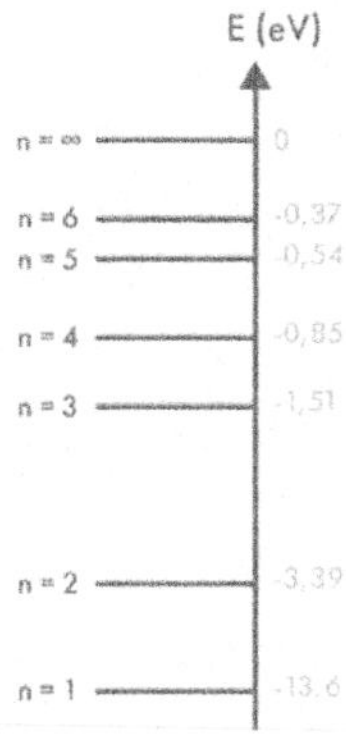

Ainsi, un atome ne peut exister que dans certains niveaux d'énergie déjà déterminé qu'on symbolisera par des paliers.

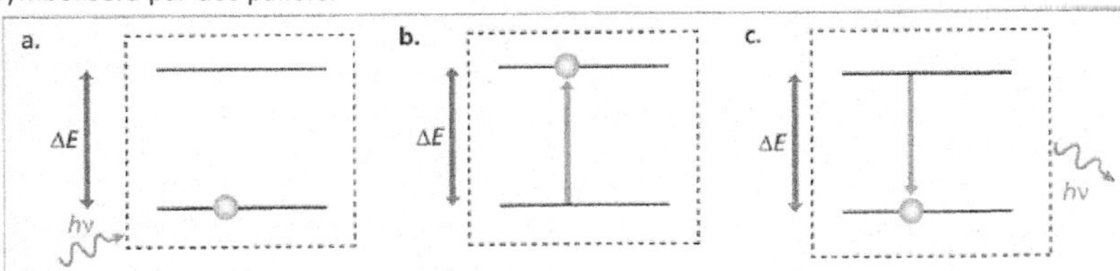

a. Interaction entre un atome (cadre pointillé) et un photon dont l'énergie $E = h\nu$ est exactement l'écart d'énergie ΔE entre deux niveaux de l'atome.

b. L'atome est dans un niveau excité, l'électron (en bleu) a changé de niveau d'énergie. Le photon a été absorbé, il n'existe plus.

c. L'atome se désexcite en créant un photon dont l'énergie est exactement celle de l'écart d'énergie entre les deux niveaux.

A retenir :
⇒ N = 1 correspond à l'énergie fondamentale de l'électron de l'atome. C'est l'état le plus stable de l'atome. ⇒ N = 2,3,4,5,6 dont les états excités ⇒ N = ∞ est l'état ionisé de l'atome (lorsque l'électron est complètement éjecté de l'atome). ⇒ Le passage des différents niveaux d'énergies est appelé transition.

Quantum d'énergie

<u>Remarque</u> : *Les différents niveaux d'énergies de l'atome ont une correspondance avec les raies de son spectre d'émission. Cependant, ce mécanisme n'est pas limité à la lumière visible, il y a également d'autres raies dans l'UV et IR.*

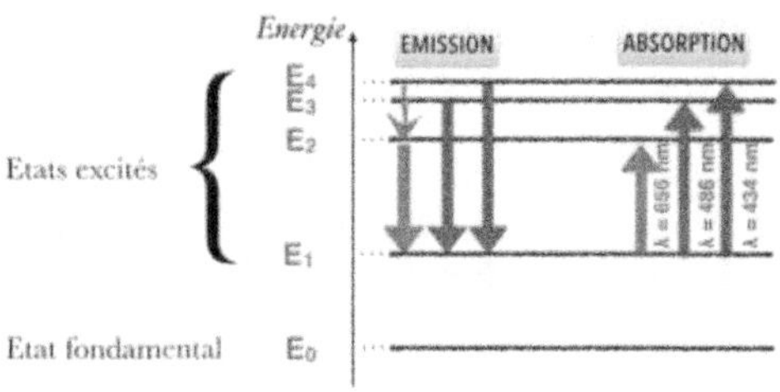

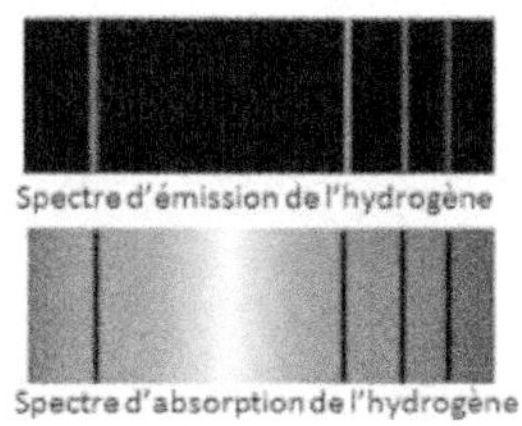

L'absorption correspond au passage d'un niveau moins excité vers un niveau plus excité. Pour cela, l'énergie du photon absorbé doit obligatoirement être la même que la différence d'énergie entre les deux états.

Au final, **le quantum d'énergie est simplement l'interaction entre la lumière et la matière, donc un échange entre un photon et un atome**. Il vaut :

$$\Delta E = E_{sup} - E_{inf}$$

Il en va de même pour l'émission d'un photon, qui serait le passage d'un état excité vers un état moins excité (désexcitation).

Les différentes ondes électro magnétiques et sources de la lumière

Nous avons vu qu'il existait 6 grandes familles d'ondes électromagnétiques :

⇒ <u>Les rayons gamma</u> : libérés lors de réactions nucléaires, on l'utilise aussi en radiothérapie.
⇒ <u>Les rayons X</u> : on l'utilise pour faires des radiographies.

⇒ Les rayons UV : on les utilise dans les lampes à lumière noire ou dans les centres d'esthétiques.

⇒ La lumière visible.

⇒ Les rayons infrarouges : on l'utilise en industrie par exemple lors des thermographies, mais aussi lorsqu'on change de chaine avec notre télécommande par exemple.

⇒ Les grandes ondes : utilisé dans les microondes, les ondes radar, les ondes radio....

On appellera source de lumière tout corps qui émet de la lumière (logique...). On peut les classer selon s'ils sont naturels ou artificiels mais également selon leur nature : monochromatique lorsqu'une seule radiation est émise et polychromatique lorsque plusieurs le sont.

Les sources naturels (souvent polychromatique) sont les émetteurs tels que les étoiles ou bien les combustions naturelles.

Les sources de lumière artificielle (souvent polychromatique) fonctionnent par excitation (via une décharge électrique) comme les tubes fluorescent par exemple, ou bien par chauffage, c'est le cas des lampes à incandescence par exemple.

*Remarque : Les **photons issus d'un processus de fluorescence n'ont JAMAIS la même longueur d'onde que la longueur d'onde d'excitation**.*

Les DEL (diodes électroluminescentes), souvent monochromatique, vont s'éclairé grâce à une tension reçue.

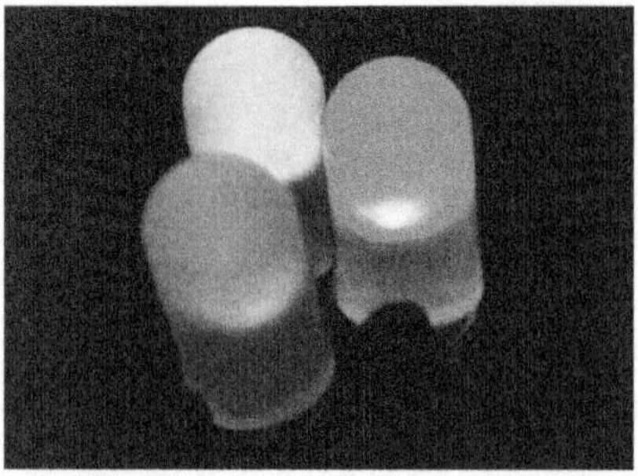

Enfin, les LASER (Light Amplification by Stimulated Emission of Radiation = ampification de lumière par stimulation de radiation émises) émettent de la lumière monochromatique, d'une seule direction, d'énergie dense. Nous allons voir un peu plus ce modèle, très utilisé en médecine.

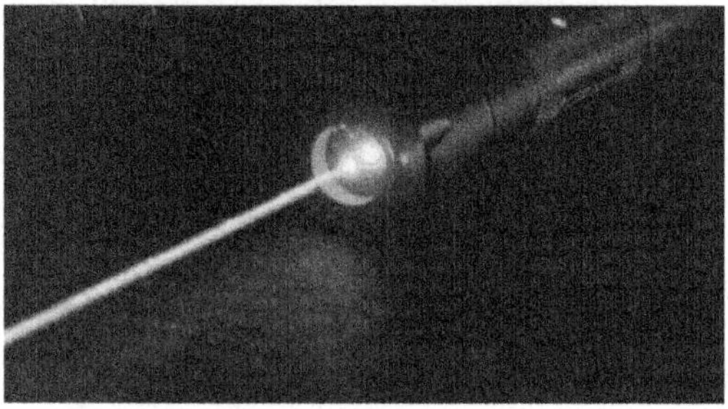

LASER

Si on se replace dans le contexte, nous avons vu que :

⇒ Un atome qui reçoit un photon peut l'absorber, si la longueur d'onde est correcte. Il rentre donc dans un « état excité », on parlera **d'absorption**.

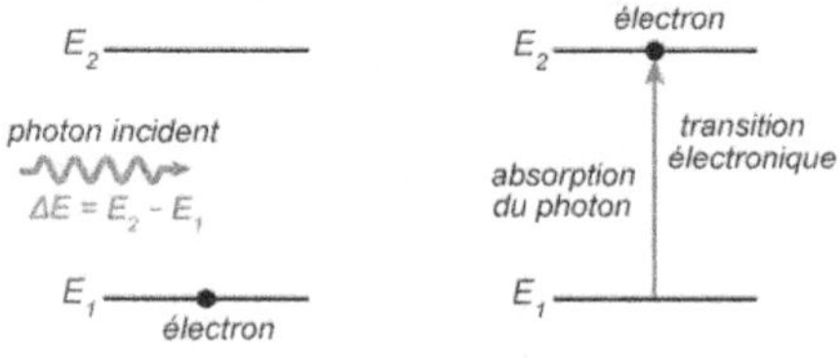

Absorption

⇒ L'atome excité peut revenir dans son « état fondamental » en émettant un photon de même longueur d'onde que celui qu'il avait absorbé, c'est **l'émission spontanée**.

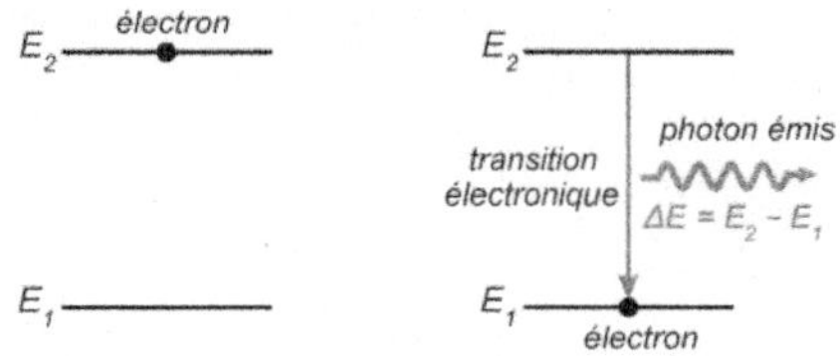

Emission spontanée

⇒ Si un atome excité reçoit un photon dont la longueur d'onde l'aurait permis d'être exciter s'il avait été dans son état fondamental, alors ce photon peut « déclancher » la désexcitation de l'atome. L'atome en question va alors émettre un deuxième photon, le photon incident et celui qui est produit par émission stimulée, **de même fréquence f, en phase, et avec la même direction**. C'est comme une « photocopieuse à photons » : on parlera **d'émission stimulée**.

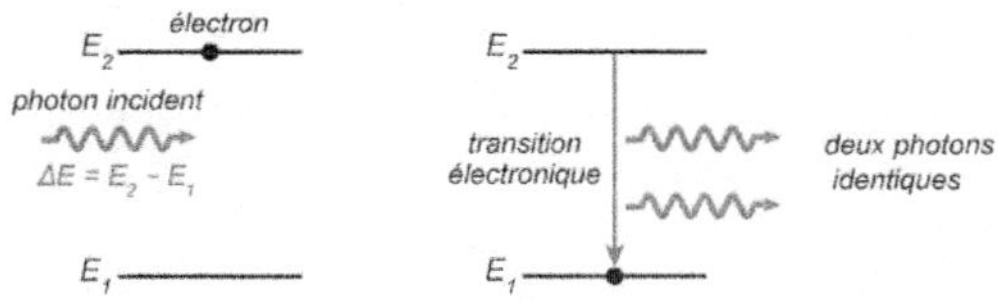

Emission stimulée

L'effet laser repose justement sur ce processus stimulé et non spontanée.

Pour cela, nous avons besoin d'un milieu qui va amplifier ce phénomène : prenons un matériau où les atomes sont pour la plupart dans un état excité.

Lorsqu'un atome va émettre un photon par émission spontanée, ce photon va induire une cascade d'émissions stimulées jusqu'à une telle puissance qu'on parlera enfin de faisceau LASER.

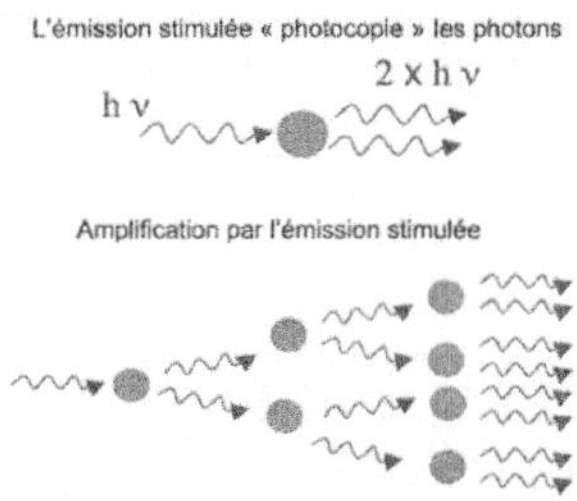

<u>Remarque</u> : Pour augmenter cet effet en n'ayant une émission que dans une seule direction, nous placerons ce milieu amplificateur entre 2 miroirs, pour que la lumière fasse plusieurs allers retours avant d'être émis.

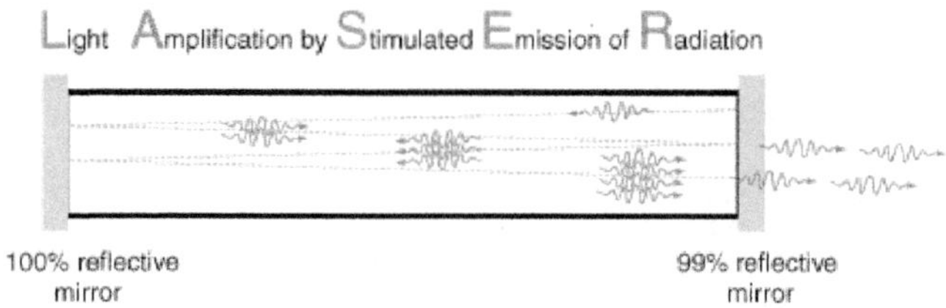

Pour que le processus d'amplification fonctionne, il faut donc plus d'atomes excités que d'atomes dans l'état fondamental : c'est ce qu'on appelle l'**inversion de population.**

Important : On ne peut pas réaliser de laser avec seulement 2 niveaux d'énergie !

Le LASER est donc une source de photon cohérente, sa divergence est très faible. La **puissance d'un faisceau laser peut changer énormément d'un système laser à l'autre**. La puissance moyenne d'un laser peut parfois être très élevée pour les lasers continus alors qu'elle sera très faible dans le cas de lasers impulsionnels.

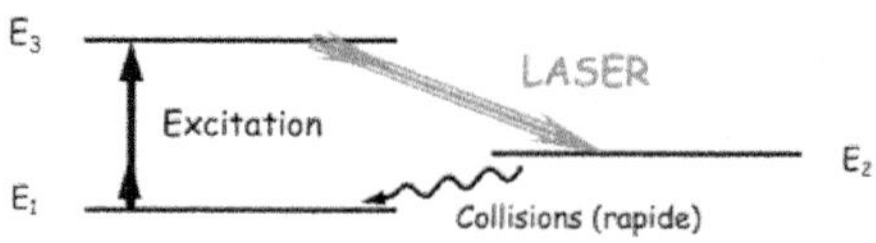

Enfin, le LASER permet de concentrer toute l'énergie sur une plage de longueurs d'onde très étroite et non très large : c'est la **pureté spectrale**.

<u>Remarque</u> : Même s'il existe des lasers de petite dimension comme les pointeurs laser, des systèmes laser peuvent être assez volumineux et occuper tout une pièce !

L'OPTIQUE

Notre œil est le premier et le plus naturel collecteur d'images, nous permettant ainsi d'observer le monde et d'analyser les images qui nous entoure. Avec le temps, des microscopes pour observer le petit et des lunettes astronomiques pour observer le lointain ont fait leur apparition : leur point commun étant de posséder une ou plusieurs lentilles convergentes permettant de former l'image.

Quelques prérequis : Qu'est-ce qu'une lentille

En optique, les lentilles permettent simplement de faire converger, ou diverger selon les besoins, les rayons de lumières : c'est un phénomène de réfraction.

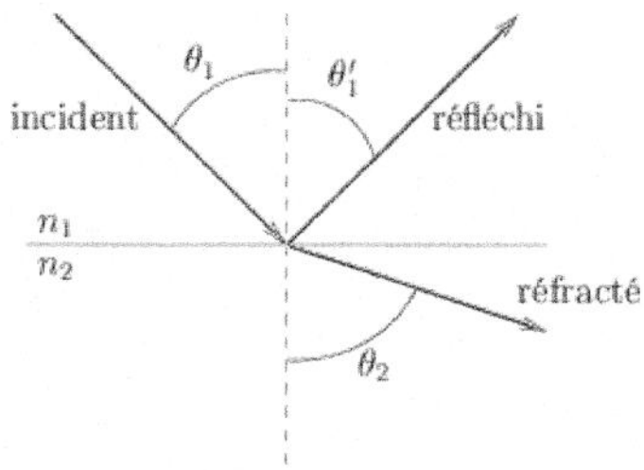

L'épaisseur de la lentille joue un rôle dans sa fonction : c'est la distance entre les deux faces de la lentille **au niveau de l'axe optique**, et non des extrémités :

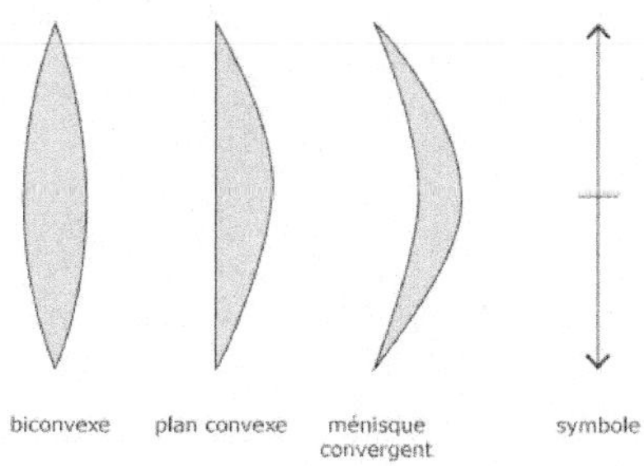

<u>Remarque</u> : L'axe optique, aussi appelé axe de symétrie, passe par le centre de la lentille, appelé centre optique O. Il est orienté, conventionnellement, dans le sens de propagation de la lumière (gauche à droite).

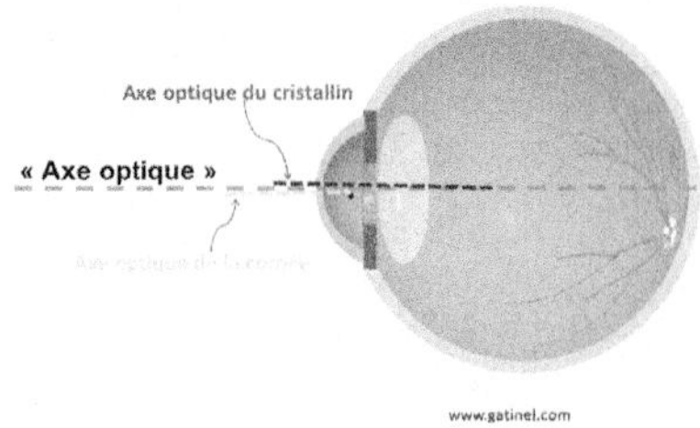

Il ne faut pas confondre se terme avec le centre optique qui est le centre de la lentille, noté O :

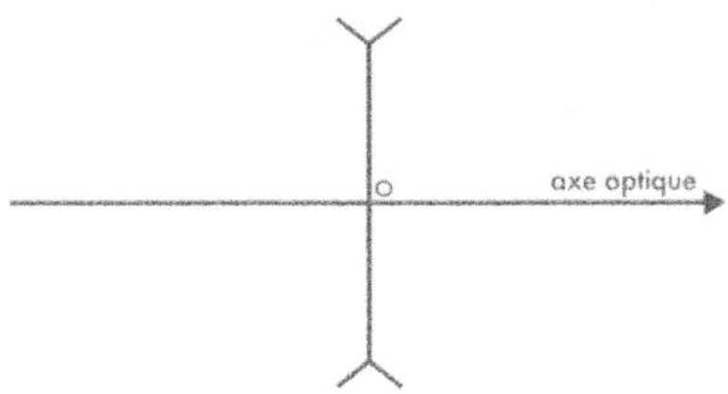

De plus, comme vous le savez nous avons :

⇒ <u>Des lentilles convergentes</u> : elles ont des bords minces et les rayons arrivant parallèles (en amont) sont focalisés en sortie de la lentille. C'est le cas de la loupe par exemple.

⇒ <u>Des lentilles divergentes</u> : elles ont des bords épais et les rayons s'écartent les uns des autres après le passage par la lentille, ils divergent. C'est le cas du verre de lunette par exemple.

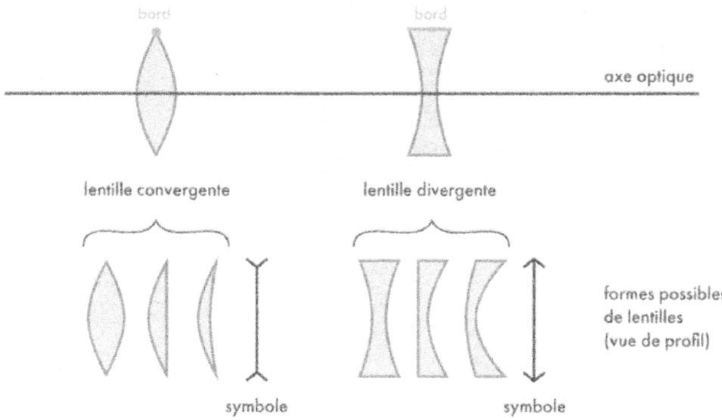

On nommera rayon incident tout les faisceaux lumineux qui arriveront sur la lentille et rayon émergent tout les faisceaux lumineux qui sortiront de la lentille.

Pour récapituler, nous avons :

	vue en coupe	schéma	déviation de la lumière
lentilles convergentes	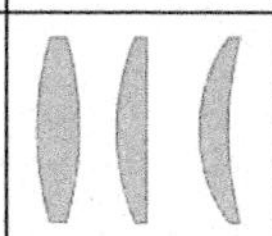	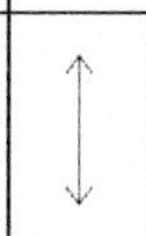	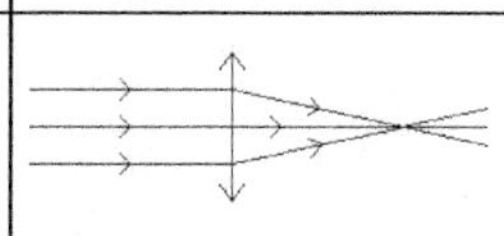
lentilles divergentes	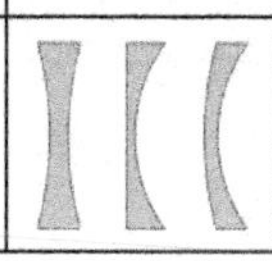	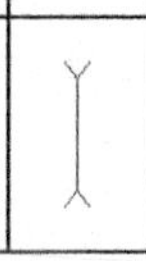	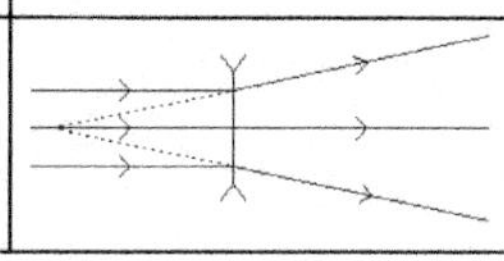

__Remarque__ . *Le point où convergent es rayons lumineux sera appelé « foyer ».*

Les « foyers »

- __Le foyer image__

Pour une lentille convergente, lorsque les faisceaux émergent vont converger au niveau de l'axe optique, ce point sera appelé foyer image. On le note F' :

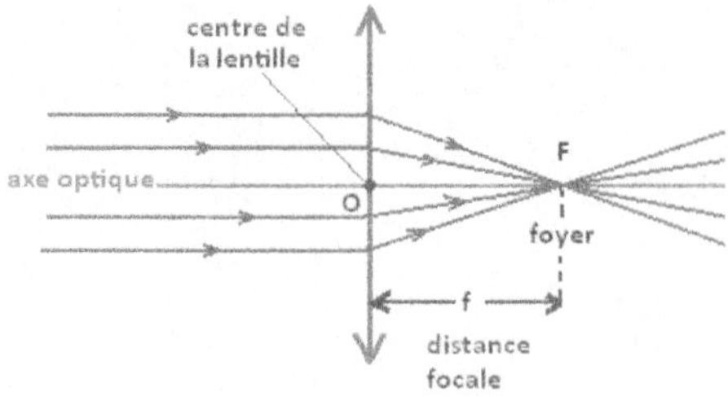

La distance focale image est la distance qui sépare le centre optique O et le foyer image. Il est noté f'.

A retenir :

La vergence V, en m^{-1} dioptrie δ, est l'inverse de la distance focal (en mètre) et permet de donnée une indication aux fabricant de verre :

$$V = \frac{1}{f'}$$

En effet, la distance focal image nous donne doc la vergence de la lentille permettant aux ophtalmologues et opticiens de déterminer la correction en cas de troubles de l vision.

Pour une lentille divergente, il faut se placer en amont de la lentille en prolongeant la divergence des faisceaux émergent. Le foyer image se retrouvera donc avant la lentille :

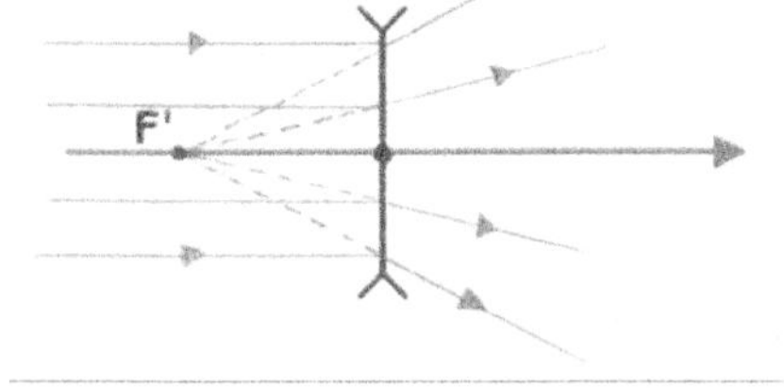

<u>Remarque</u> : Comme vous pouvez le déduire, la distance focale image f' sera positive lors de l'étude d'une lentille convergente et négative lors de l'étude d'une lentille divergente.

La puissance optique (aussi appelée **puissance dioptrique**, puissance réfractive, puissance de focalisation, ou puissance de vergence) est le degré auquel une lentille, miroir, ou tout autre système optique fait converger ou diverger la lumière. Celle-ci s'additionne si nous avons plusieurs lentille à la suite ! Pas comme les focal :

$$D_{tot} = D_1 + D_2 + D_3 + \cdots$$

$$\frac{1}{f_{tot}} = \frac{1}{f_1} + \frac{1}{f_2} + \frac{1}{f_3} + \cdots$$

- **Le foyer objet**

Ce point, noté F, est simplement la symétrie par rapport au centre optique du foyer image f'.

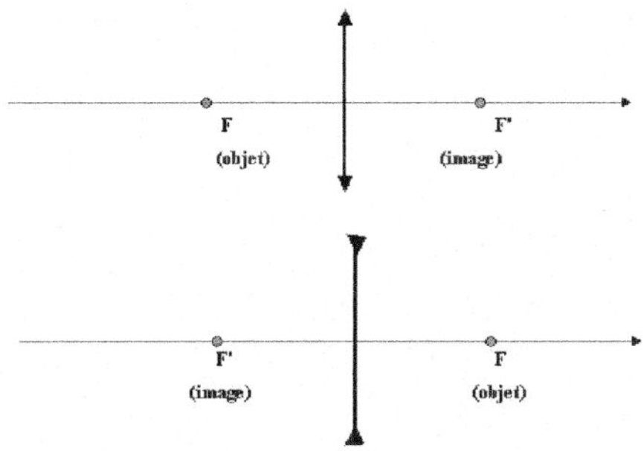

- **Construire une image avec une lentille mince convergente**

Dans le cas des lentilles convergentes, il faut suivre ces 3 règles de rayons particuliers :

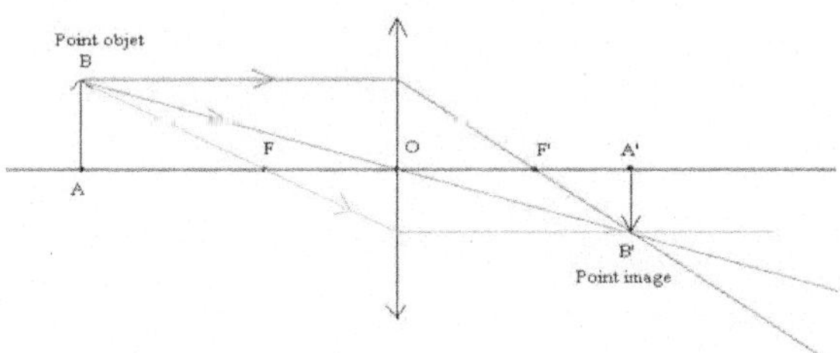

⇒ Tout rayon incident parallèle à l'axe optique va sortir de la lentille en convergent vers le foyer image f' : c'est le trait rouge.

⇒ Tout rayon incident qui passe par le foyer objet F va sortir de la lentille de manière parallèle à l'axe optique : c'est le trait vert.

⇒ Tout rayon incident passant par le centre optique ne sera pas dévié : c'est le cas du trait bleu.

<u>Remarque</u> : *On parle de rayons particuliers car on connait la déviation qu'ils subissent en passant par la lentille.*

Nous pouvons voir ici que l'objet AB a une image donnée par la lentille convergente A'B'. En faite, ce sont simplement ces trois règles qui nous permettent de tracer le point B' (convergence des trois traits). Une fois B' trouvé, nous pouvons placer A' sur l'axe optique de tel manière que A'B' soit perpendiculaire à l'axe.

<u>Remarque</u> : *Nous avons vu ici les trois traits, mais 2 suffisent lorsque vous êtes pressés !*

Image réelle et image virtuelle

<u>Définition</u> : Une image réelle peut être matérialisé sur un écran tandis qu'une image virtuelle ce n'est pas le cas. On parlera d'écran pour parler de l'emplacement où l'image va se formé : notre rétine est donc un écran. Dans le cas de l'image virtuelle, on doit se placer directement derrière la lentille pour voir l'image.

En fonction de la position relative de l'objet par rapport à la lentille, on peut savoir si l'image est réelle ou virtuelle :

⇒ Si l'image se situe après la lentille $\overline{OA'} > 0$ et si l'objet est situé avant le foyer objet de la lentille alors l'image est réelle.

⇒ Si l'image se forme avant la lentille et si l'objet est situé entre le foyer objet et le centre optique, alors l'image est virtuelle.

Voyons plusieurs cas afin d'illustrer ces notions :

- **<u>L'objet se situe en avant du foyer objet</u>**

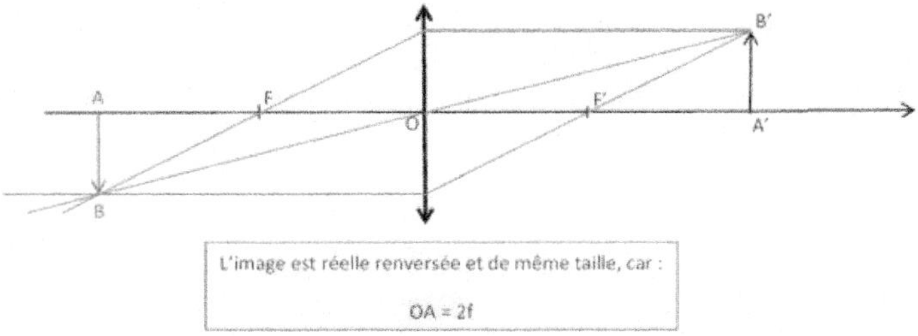

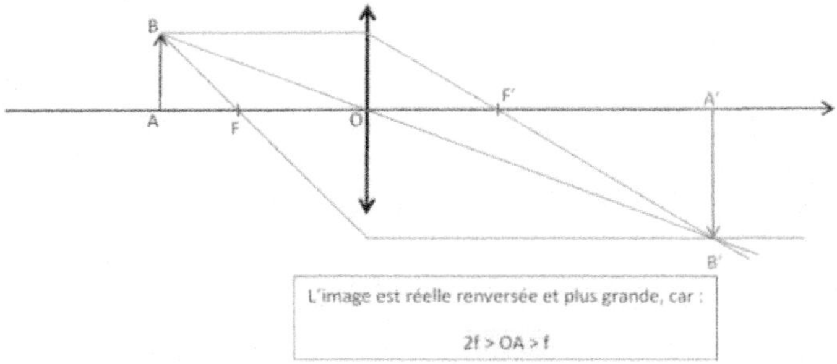

L'image est alors **réelle et inversée**.

- **<u>L'objet se situe entre le foyer objet et la lentille</u>**

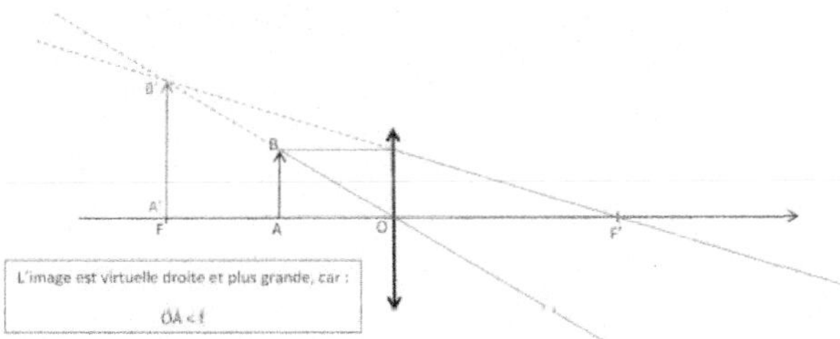

L'image est alors **virtuelle et droite**.

- **<u>L'objet se situe à l'infini</u>**

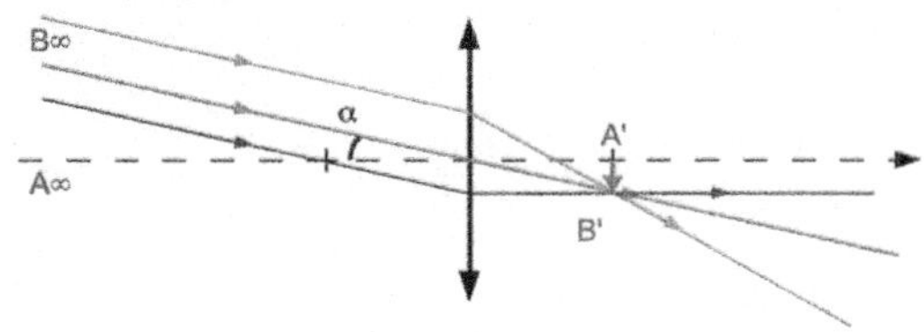

L'image est alors **réelle, inversée et se trouve dans le plan focal image de la lentille**.

Voici un petit récapitulatif des différents cas de figure :

Type de lentille	Objet	Image			Schéma
	Réel, avant F	Réelle	Renversée	Agrandie si OA > 2f Réduite si OA < 2f	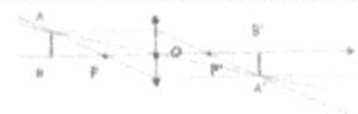
Convergente	Réel, entre O et F	Virtuelle	Droite	Agrandie	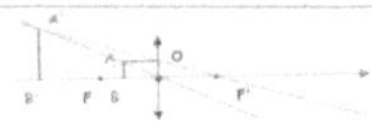
	Virtuel	Réelle	Droite	Réduite	
	Réel	Virtuelle	Droite	Réduite	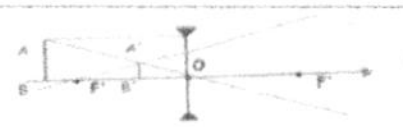
Divergente	Virtuel, entre F et O	Réelle	Droite	Agrandi	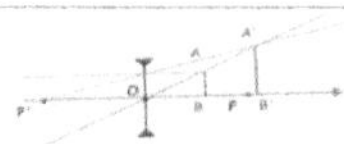
	Virtuel, après F	Virtuelle	Renversée	Agrandie si OA < 2f' Réduite si OA > 2f'	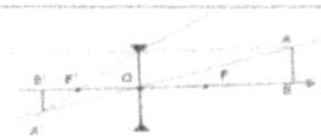

Les positions de l'image et de l'objet sont reliés grâce à la relation de conjugaison :

$$\frac{1}{\overline{OA'}} - \frac{1}{\overline{OA}} = \frac{1}{\overline{OF'}}$$

On peut ainsi retrouver la position de OA' d'une image à partir de la position OA de l'objet et de la distance focal de la lentille (OF' = f').

Le grossissement noté γ est une grandeur sans unité :

$$\gamma = \frac{\overline{A'B'}}{\overline{AB}} = \frac{\overline{OA'}}{\overline{OA}}$$

Celui-ci nous donne deux indications :

⇒ Le sens de l'image :

- Si γ positif alors l'image est droite
- Si γ négatif alors l'image est inversée

⇒ La taille de l'image :

- Si $\gamma > 1$ alors l'image est plus grande que l'objet
- Si $\gamma < 1$ alors l'image est plus petite que l'objet
- Si $\gamma = 1$ alors l'image est de la même taille que l'objet

L'œil

On peut décrire l'œil comme étant 3 parties :

⇒ La pupille – iris qui joue le rôle d'un diaphragme, c'est à dire qu'il s'ouvre et se ferme en fonction de l'intensité lumineuse perçu.

⇒ Le cristallin qui joue le rôle d'une lentille convergente.

⇒ La rétine qui joue le rôle d'un écran : cet distance lentille écran est fixe !

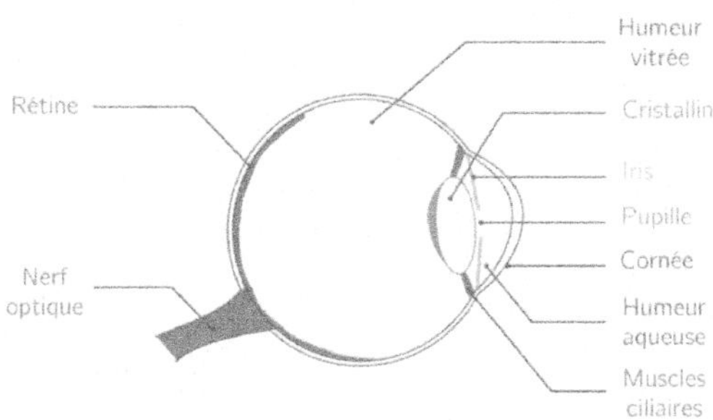

Ainsi, lorsque l'objet est très éloigné (objet à l'infini), nous n'avons pas besoin de forcer pour l'observer : c'est l'œil au repos. L'image se forme alors sur la rétine, qui est confondu avec le plan foyer image.

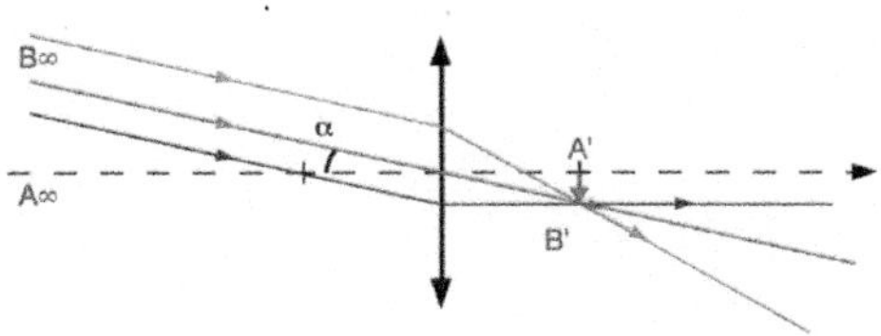

Cependant, si l'œil regarde un objet proche, l'image ne sera pas formée sur la rétine donc pas vu nettement. Pour l'observer de manière nette, l'œil doit modifier sa distance focale de tel manière à ce que l'image se forme sur la rétine : c'est l'accommodation. Cela est permis grâce aux muscles qui agissent sur la courbure du cristallin.

> **A retenir :**
>
> Pour un œil, si un objet s'approche, les muscles de l'œil se contractent, le cristallin gonfle et sa distance focale diminue de telle sorte que l'image se forme toujours sur sa rétine (comme une lentille plus convergente).

Cependant, il y a des limites à cette accommodation :

- ⇒ Le punctum proximum est le dernier point où l'objet est visible de manière nette (accommodation maximale à environ 15-25 cm).
- ⇒ Le punctum remotum sont les points plus éloignés où l'objet est visible de manière nette.

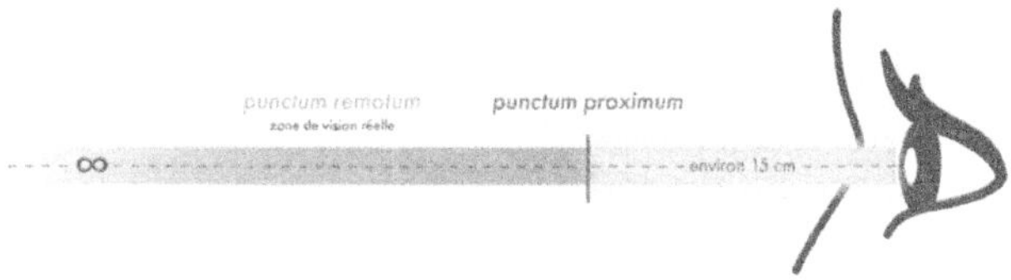

A retenir :

L'amétropie se rencontre lorsque le point focal ne se situe pas sur la rétine. Il s'agit d'une anomalie de réfraction :

⇒ **<u>Myopie</u> : L'œil est trop convergent, ce qui fait que l'œil est trop loin par rapport à sa focale, on prescrira des lentilles divergentes.**

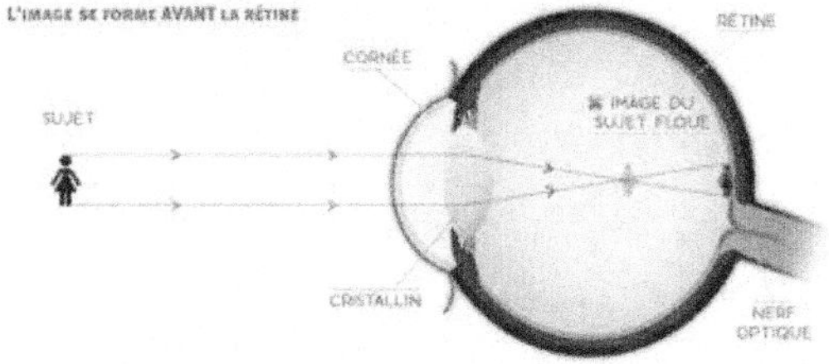

⇒ **<u>Hypermétropie</u> : C'est l'inverse de la myopie, l'œil n'est pas assez convergent et trop court par rapport à sa focale, on prescrira des lentilles convergentes.**

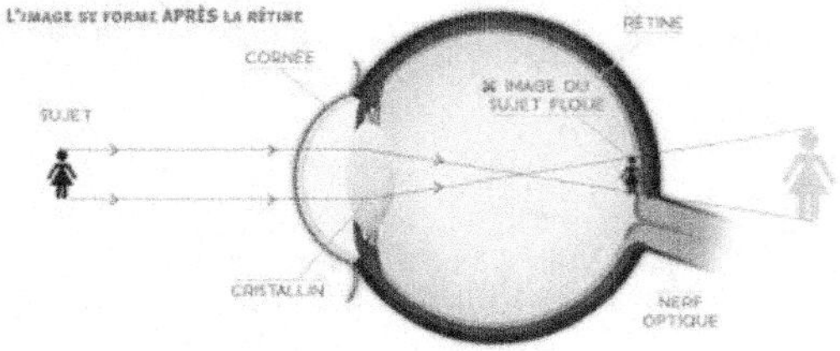

Un œil sain a une <u>puissance au repos de 59D</u>.

L'appareil photo

L'appareil photographique permet d'obtenir une image permanente d'un objet : que l'appareil soit numérique ou avec pellicule, le principe est toujours le même, c'est seulement la façon dont l'image est en mémoire qui changera.

Un appareil est composé :

ŒIL **APPAREIL PHOTO**

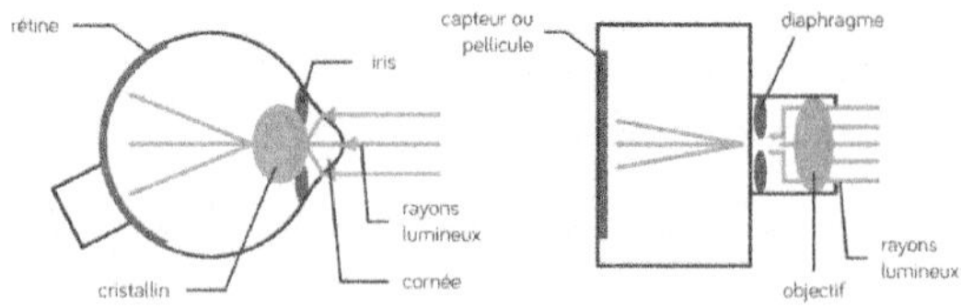

⇒ D'un objectif composé de plusieurs lentilles convergentes permettant de former une image.

⇒ D'un diaphragme pour régler la quantité de lumière arrivant, en fonction de la luminosité ambiante.

⇒ D'un obturateur pour empêcher la lumière d'entrer dans l'appareil, excepté au moment de la photographie.

⇒ D'une surface sensible, c'est une surface plane où l'image viendra se former.

L'œil et l'appareil photographique ont donc un fonctionnement similaire :

Œil	Appareil photographique	
	Avec Pellicule	Numérique
Paupière	Obturateur et cache	
Cristallin	Objectif	
Iris	Diaphragme	
Pupille	Ouverture	
Rétine	Pellicule	Cellule photosensible
Accommodation (on change la vergence du cristallin)	Mise au point (on change la distance objectif – surface sensible)	
Images subjectives grâce au cerveau	Images réelles	

A retenir :

<u>Appareil photo</u> : Tout les cas c'est lentille convergente. **Si c'est seulement une lentille, l'image est renversée. Si c'est deux lentilles, se serait renversé puis droit donc l'image apparaît droite.**

Plus la distance focale de la lentille est grande et plus l'image apparaitra petit.

Si la distance focale est plus grande, l'objectif est aussi plus grand car la distance lentille image est plus grande.

Une fois qu'on comprend le mécanisme, on peut tenter de comprendre chaque appareil optique, tel que le microscope simplifié :

Celui-ci est **composé de deux lentilles convergente** (c'est toujours le cas) pour que l'image finale soit du même côté que l'objet (et donc qu'on puisse la voir) et agrandie. Ainsi, nous avons toujours :

Yeux → Oculaire → Objectif → Objet → Image

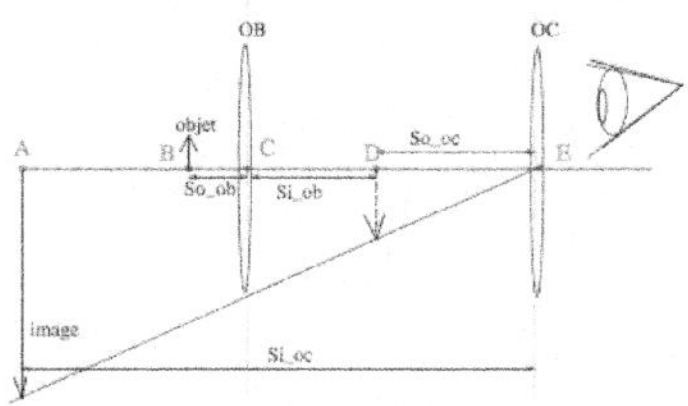

Figure 1: Schema d'un microscope

Je terminerais juste avec le *phénomène des mirages :*

En faite, les **faisceaux lumineux voyagent généralement en ligne droite mais le peuvent aussi en courbe lorsque l'indice du milieu varie** selon la position. Par exemple, l'air est plus chaud au niveau du sol donc la densité de l'air change. Ainsi, en regardant le sol, on a l'impression de voir le ciel car **un rayon lumineux n'est pas dévié qu'au passage d'un matériau ou lorsqu'il est réfléchi mais aussi selon la densité de l'air** !

<u>Remarque</u> : Les rayons voyagent plus rapidement dans l'air que dans l'eau : la vitesse de la lumière dépend de manière inverse inverse à l'indice de réfraction du milieu : $v = \frac{c}{n}$

$$v_{air} = \frac{c}{1} > v_{eau} = \frac{c}{1{,}33}$$

MAGNÉTISME

Le champ magnétique terrestre

Comme vous le savez, l'aiguille d'une boussole se dirige toujours vers la même direction et le même, peut importe notre orientation, de même pour les oiseaux migrateurs qui s'oriente toujours de la même manière pendant leurs voyages... Comment cela est-il possible ? Et bien tout simplement grâce à l'existence du champ magnétique terrestre. Le magnétisme est simplement dû aux mouvements des charges électriques.

En faite, dans le cas de l'aiguille par exemple, elle possède simplement un pole nord (souvent rouge) et un pôle sud (souvent bleu). Ainsi, le pôle sud de l'aiguille s'oriente en direction du pôle nord magnétique de la Terre et inversement.

<u>Remarque</u> : Le pôle nord magnétique de la Terre forme un angle de 11.5° par rapport au pôle nord géographique de la Terre, c'est ce qu'on appelle la déclinaison magnétique, de telle manière que le pôle nord de l'aiguille pointe en faite vers le nord géographique de la Terre que de manière approximatif.

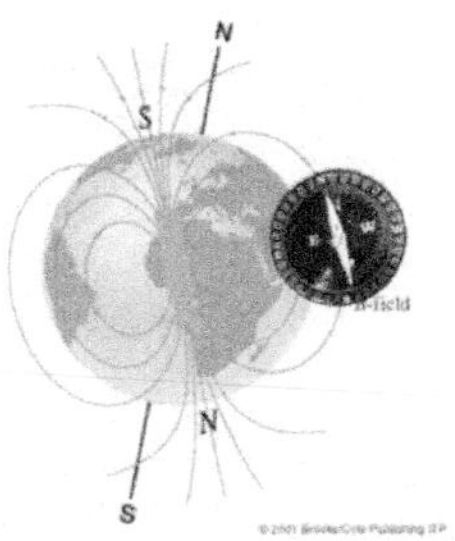

Bien entendu, la direction et le sens du champ magnétique terrestre dépendent tout deux du lieu dans lequel nous nous trouvons. D'ailleurs, celui-ci est variable au cours du temps également puisqu'il s'est même inversé complètement environ 300 fois au cours des dernières 170 millions d'année. Cette valeur est exprimée en Tesla (du nom de Nikola Tesla, le scientifique à l'origine de cette découverte) :

A retenir :

On parlera de champ magnétique lorsqu'on sera en présence d'une force qui agira sur les charges électriques en mouvement (les forces de Lorentz) et par quelques effets touchant certains matériaux.

Le champs magnétique en un point de l'espace est caractérisé par un vecteur noté $\vec{B}$, le vecteur champs magnétique. Celui ci est défini par :

⇒ Une direction

⇒ Un sens (du pôle sud vers le pôle nord)

⇒ Une norme qui est proportionnelle à la valeur mesurée du champ magnétique.

La grandeur qui détermine l'interaction entre un matériau et un champ magnétique correspond à la susceptibilité magnétique.

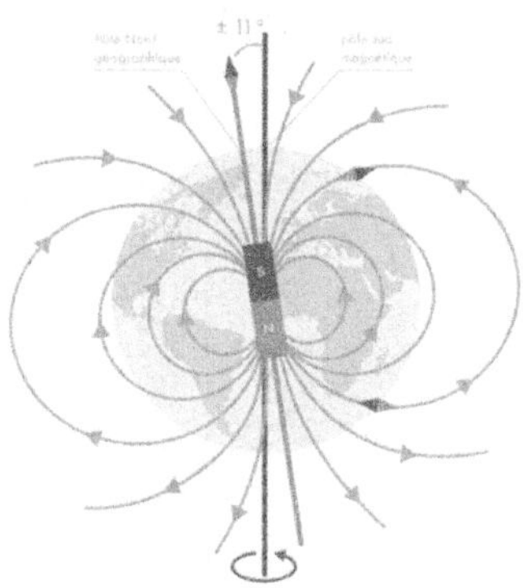

Le champ magnétique est toujours perpendiculaire au courant :

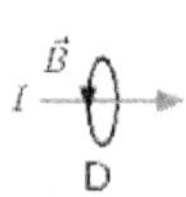

Champs magnétique dû aux aimants

Un aimant est un objet composé d'un matériau magnétique, comme la magnétite par exemple (aussi appelé « pierre d'aimant »). Ceux-là peuvent prendre plusieurs formes, même s'ils possèdent toujours un pôle nord et un pôle sud.

<u>Remarque</u> : Pour en revenir à l'aiguille d'une boussole, un aimant est une source de champs magnétique, elle va donc influencer l'orientation d'une boussole si celui-ci est a proximité.

Le champ magnétique est visible par des lignes de champs, lorsqu'on place des limailles de fer par exemple. La figure obtenu est appelé spectre de champs magnétique :

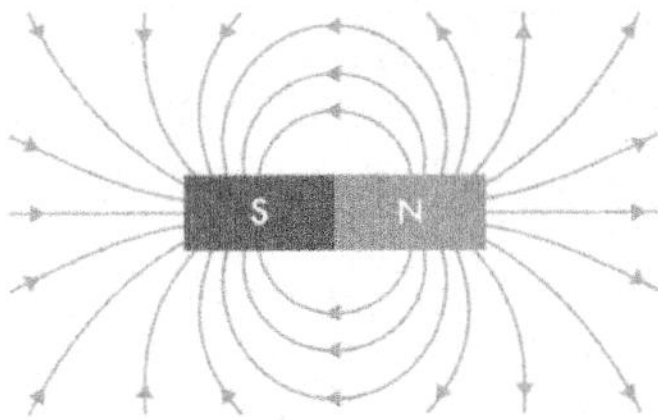

<u>Remarque</u> : En gros, les lignes de champs sont simplement des lignes qui rejoignent les deux extrémités de l'aimant, en partant du pôle nord vers le pôle sud. De plus, les lignes de champs ne peuvent commencer et aboutir qu'à des endroits où la matière est aimantée et comme il n'y a ni source ni puits des lignes de champ dans l'espace vide, les lignes de champ magnétique forment des courbes fermées.

> **A retenir :**
> Le vecteur champs magnétique est toujours **tangent** aux lignes de champs en tout point de l'espace et l'orientation des lignes de champs correspond à celle du vecteur.

En faite, lorsque l'électron tourne autour des atomes, il induit un moment cinétique $\vec{L}$ (nous l'avons vu dans le chapitre « dynamique »). Et bien en électromagnétisme, la charge correspond à la masse en mécanique : ainsi, en tournant autour de l'atome, l'électron induit également le moment magnétique (l'équivalent du moment cinétique $\vec{L}$) qu'on notera :

$$\vec{\mu} = \frac{1}{2}\vec{r} \times q\vec{v} = \frac{q}{2m}\vec{L}$$

<u>Remarque</u> : Ainsi, pour le champs gravitationnel l'objet est une masse d'essai tandis que pour le champ électrique c'est une charge d'essai.

En plus de cela, l'électron tourne aussi sur lui-même, il a donc un moment cinétique intrinsèque appelé spin $\vec{S}$:

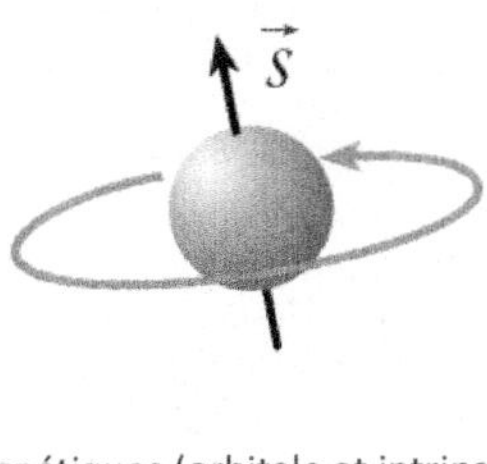

C'est justement ces moments magnétiques (orbitale et intrinsèque) qui induiront le champs magnétique $\vec{B}$.

Petite image de la NASA qui présente une vue magnifique (artistique) de la magnétosphère terrestre

Remarque : Selon l'atome est question, et son nombre d'électron, le moment magnétique total peut être grand, petit ou bien nul.

⇒ Lorsque le moment magnétique résultant est nul : le matériau est **diamagnétique**. Cela arrive par exemple lorsque toutes les couches des atomes sont pleines puisque les moments magnétiques se compensent. Ces matériaux présentent alors une aimantation opposée au champ inducteur (aimantation faible).

Le bismuth : un matériau diamagnétique

⇒ Lorsque le moment magnétique résultant est non nul : le matériau est **paramagnétique**. Cela arrive lorsqu'il existe des électrons célibataires dans l'atome, donc les moments magnétiques ne sont pas compensés. C'est le cas par exemple lorsque les atomes formant un solide n'ont pas d'interactions magnétiques entre eux. Cependant, puisque les moments magnétiques sont en générale orientés de manière aléatoire, leur résultante est nulle.

Remarque : Ce type de matériau interagit avec les champs magnétiques extérieurs (attraction vers les zones de champs magnétique plus intense, spectre atomique modifié...).

⇒ Enfin, il existe des matériaux avec une aimantation très importante qui peut persister même en l'absence de champs magnétique extérieur : c'est les **matériaux ferromagnétiques**. Cela est dû au fait qu'ils possèdent des électrons non appariés dans des couches profondes, alors que leurs couches externes sont saturées.

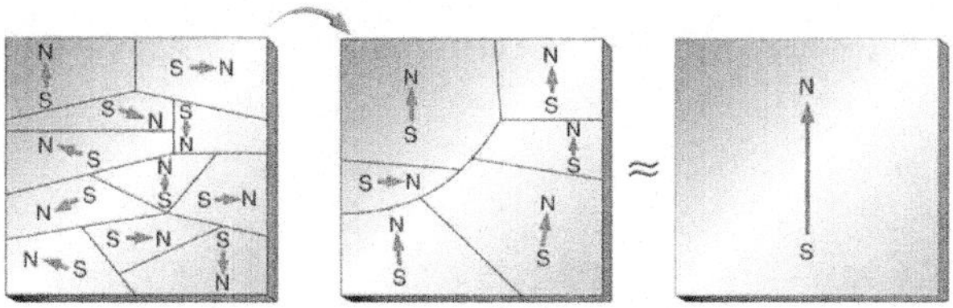

(a) (b)

Sur cette image, le passage de (a) à (b) aura lieu lorsqu'on applique un champ magnétique.

<u>Remarque</u> : En faite, les domaines magnétiques sont séparés par des parois magnétique appelé parois de Bloch dans lesquelles l'orientation de spin tournent progressivement de tel manière à accommoder la discontinuité d'orientation d'un domaine à l'autre.

Champs magnétique dans un aimant en U

Voici les lignes de champs :

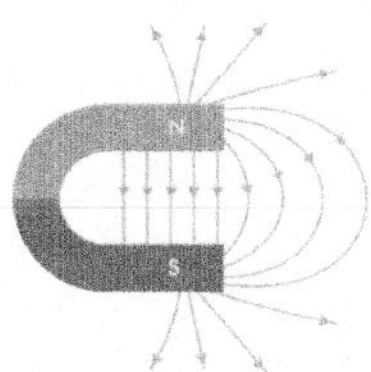

On peut voir que dans l'entrefer, toutes les lignes de champs sont parallèles, orienté dans le même sens et la valeur du champ magnétique est la même en tout point. Ce champ là est donc uniforme.

> **A retenir :**
> Un champ est uniforme si en tout point de l'espace il possède les mêmes caractéristiques donc (sens, direction, valeur identique).

Champs magnétique crée par des courants électriques

- **Champ d'un fil électrique**

Hans Christian Oersted découvra au début du XIXe siècle la relation entre l'électricité et le magnétisme : un courant électrique est une source de champs magnétique. Les lignes de champs sont en fait des cercles centrés sur le fil en question :

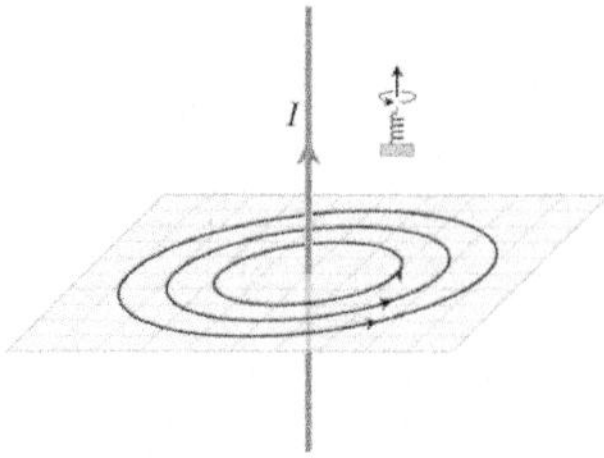

Remarque : Ces lignes de champs sont donc perpendiculaires à l'axe du fil et leur sens est donné par la règle du tire-bouchon (si on tourne le tire bouchon dans le sens du courant parcourant la spire, alors on a l'impression de l'enfoncé dans le sens du champs magnétique).

Autre méthode, la méthode la main droite : Si on oriente le pouce de la main droite dans la direction du courant électrique, la direction des autres doigts entourant le courant indique la direction du champ.

Ainsi, le module du champ est le même en tous points équidistant du conducteur et proportionnel au courant. En effet, le champ devient de plus en plus faible lorsque la distance augmente :

$$B \propto \frac{I}{r}$$

La loi d'Ampère nous permet de mesurer le champ magnétique crée par des courants. En faite, cette loi lie le champ magnétique au courant total tout comme la loi de Gauss lie la charge totale au champ électrique.

Définition de 1 ampère : C'est l'intensité d'un courant qui, maintenu dans deux conducteurs parallèles, rectilignes de longueur infinie, de section circulaire négligeable et placé à une distance de 1m l'un de l'autre dans le vide produirait, entre ces conducteur, une force par unité de longueur de 2.10^{-7} N/m.

$$\sum \boldsymbol{B}_{\parallel}\Delta \boldsymbol{l} = \boldsymbol{\mu_0} \sum \boldsymbol{I}$$

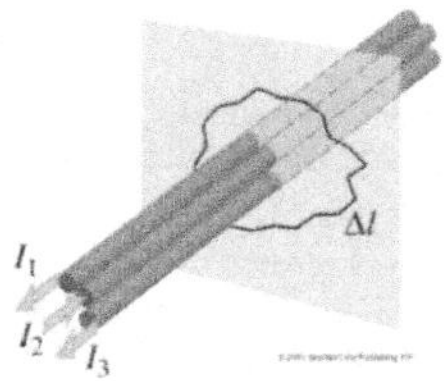

Remarque : *$\mu_0$correspond à la permittivité du vide. Si le milieu n'est pas du vide ou de l'air, il faudra changer la valeur de cette permittivité.*

Si Δl tends vers zéro, la somme se transforme en intégrale sur le chemin ampérien (parcours clos qui entoure ces courants) et on obtient :

$$\int \vec{B} d\vec{l} = \mu_0 \sum I$$

Remarque : lorsqu'on choisit un chemin ampérien, le champ $\vec{B}$ est soit perpendiculaire au chemin $B_{\parallel}$ soit parallèle au chemin $B_{\perp}$.

Par exemple :

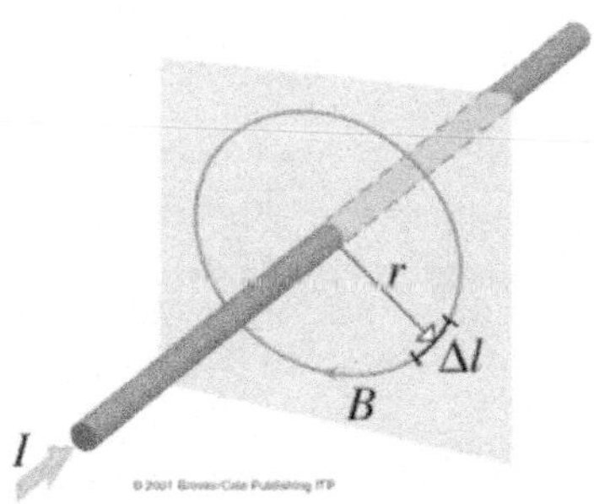

Ici, nous choisirons un chemin circulaire centré sur le conducteur donc $B_{\parallel} = B$, à une distance r constante. On a alors :

$$\sum \boldsymbol{B}_{\parallel}\Delta \boldsymbol{l} = \boldsymbol{B}\sum \Delta \boldsymbol{l} = \boldsymbol{B}(2\pi \boldsymbol{r}) = \boldsymbol{\mu_0}\sum \boldsymbol{I} = \boldsymbol{\mu_0 I}$$

$$B = \frac{\boldsymbol{\mu_0 I}}{\boldsymbol{2\pi r}}$$

Application : Si on vous dit que la ligne de tension d'un trolleybus est à 10m du sol, rectiligne, transportant un courant de 100A en direction de l'est, vous pouvez directement décrire le champ magnétique produit ainsi que donner sa valeur.
Avec la règle de la main droite, puisque le courant va vers l'est (les quatre doigts se rabatte vers l'est) alors le champ pointe vers le nord (le pouce). Nous avons :

$$B = \frac{\mu_0 I}{2\pi r} = \frac{(4\pi.10^{-7}) \times (100)}{2\pi(10m)} = 2.10^{-6}\,T$$

C'est environ l'équivalent de 4% du champ magnétique de la Terre.

Exemple : Deux fils en parallèle d'intensité opposé :

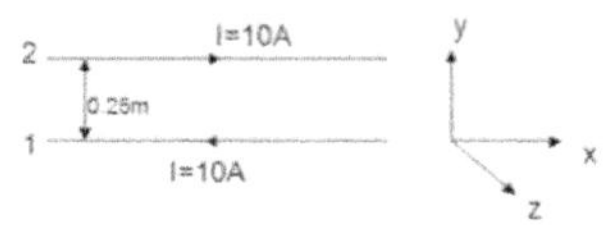

- La norme sur chaque fil du champ magnétique vaudra : $B = \frac{\mu_0 I}{2\pi r}$ avec r = 0,25
- Le champ magnétique du au courant du fil 2 a l'endroit du fil 1 est dirigé selon –z.
- La force subie par le fil 1 est alors dirigée suivant –y car $\vec{F} = I\vec{L} \times \vec{B}$

- **Champ d'un solénoïde**

Passons à un cas un peu plus complexe maintenant : le solénoïde. Le solénoïde est simplement l'enroulement d'un fil conducteur autour d'un cylindre :

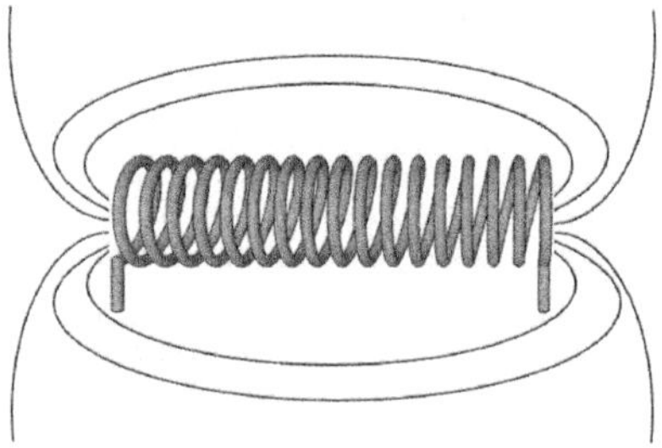

Cette image est assez schématique pour comprendre le concept, mais les véritables lignes de champ ressemblent plus à ça :

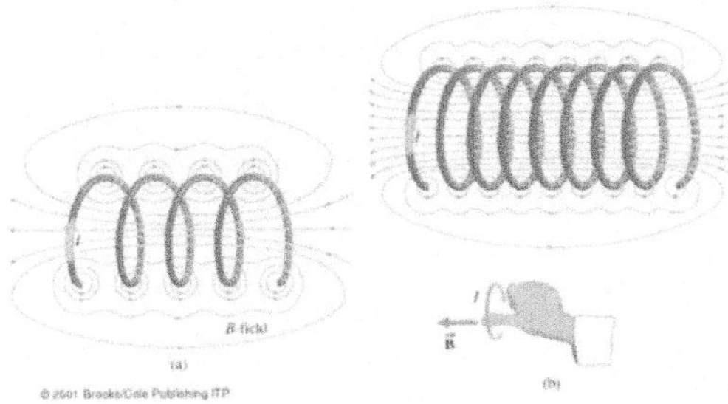

En faite, un solénoïde est simplement composé d'une succession de spire circulaire enchainé.

De la même manière, les lignes de champ à l'intérieur du solénoïde qui est parcouru par un courant électrique sont parallèle et orientés dans le même sens (selon la règle du tirebouchon) :

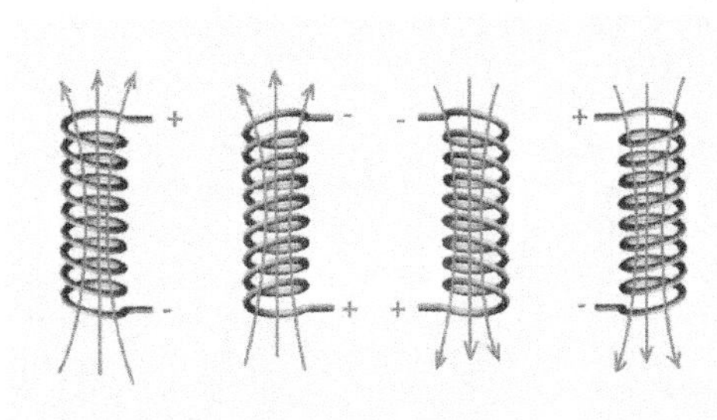

<u>Autre méthode, la méthode la main droite</u> : vous regardez simplement les pôle positif et négatif, vous savez que le courant va du + vers le – donc vous savez dans quel sens va le courant. Maintenant, avec vos 4 doigts (tous sauf le pouce) vous suivez les fils en allant du + vers le – et votre pouce vous donnera le sens des lignes de champ.

<u>Remarque</u> : Le champs magnétique est donc uniforme à l'intérieur du solénoïde. Plus le solénoïde est long et étroit et plus le champ magnétique à l'intérieur sera intense. De plus, à l'extérieur, le champ sera d'autant plus faible que le solénoïde est long.

Nous trouvons le principe des solénoïdes dans beaucoup d'application : les sonneries électriques, les hauts parleurs, …

Application : Les courants ioniques du cerveau ou du cœur induisent de faibles champs magnétique qu'on arrive aujourd'hui à quantifier via les SQUID (détecteurs supraconducteurs à interférence quantique). C'est le principe de la MEG (magnétoencéphalographie). Cette technique, étant quasiment instantané, nous permet de mesurer l'activité cérébrale en temps réel, contrairement à l'IRM. Elle nous est donc utile lors de l'étude de patient épilleptique par exemple.

A retenir :
Quelque soit la forme du circuit électrique, la valeur B du champ magnétique en un point est proportionnelle à l'intensité I du courant électrique de telle manière que :

$$B = K \times I$$

Avec : B en Teslas, I en ampère et K en $T.A^{-1}$

La force magnétique : loi de Lorentz

Parmi les quatre forces fondamentales de la nature, nous avons la force magnétique $\vec{F}_m$, composante de la force électromagnétique. Elle sera présente lors de l'interaction de charges en mouvement puisque deux objets chargés, qui se déplacent dans une même direction vont être attirés l'un l'autre par une force magnétique attractive. Il en va de même pour les objets chargés se déplaçant dans une direction opposée, puisque nous auront l'apparition d'une force répulsive.

Cette force est donc proportionnelle au champ $\vec{B}$ et à la vitesse $\vec{v}$ de la particule : ces deux vecteurs définissent un plan. Ainsi, la direction de la force magnétique est normale à ce plan. De plus, concernant le sens de la force magnétique, elle dépend de la charge en question : si elle est positive ou négative.

Rappel : Une force normale est une force qui permet de neutraliser l'action des autres forces en présence dans n'importe quel cas de figure.

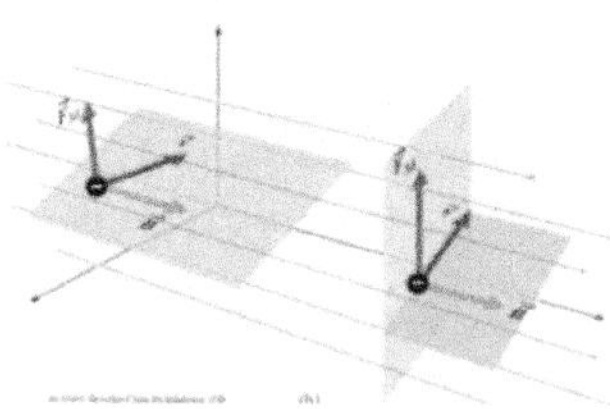

On obtient de cette manière la loi de Lorentz :

$$\vec{F}_m = q\vec{v} \times \vec{B}$$
$$F_m = qvBsin\theta$$

Avec θ l'angle entre $\vec{v}$ et $\vec{B}$.

Nous pouvons obtenir la direction de cette force magnétique grâce à la règle de la main droite (pour ne pas changer) puisque c'est un produit vectoriel :

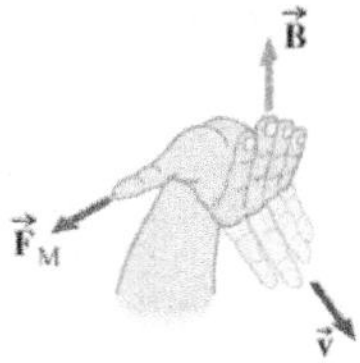

<u>Remarque</u> : Puisque la force magnétique est perpendiculaire à la trajectoire de la particule, c'est une force qui ne changera que la direction de $\vec{v}$ mais pas son module : c'est une force de déflection. Par conséquent, elle n'effectue aussi aucun travail puisqu'elle n'a aucune composante dans la direction du mouvement. L'énergie de la particule est donc constante sous l'action du champ magnétique.

- <u>Electron qui entre dans un champ magnétique</u> :

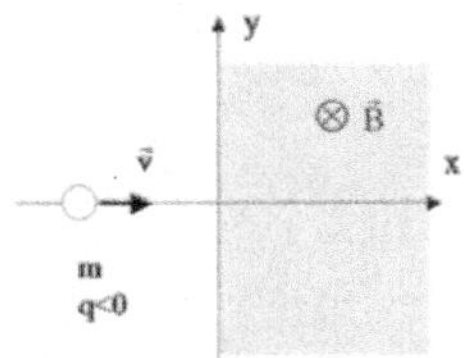

  - Lorsque la particule rentre dans la zone grisée, Force de Lorenz : F=qv×B est dirigé suivant +y et donc la force magnétique est suivant –y (car électron charge négative).
  - La force magnétique (=force de Lorenz) qui est centripète va tourner avec le vecteur vitesse. La force ne sera donc pas TOUJOURS dirigée vers -y. Dans la partie grisée, la particule aura une trajectoire dans le sens des aiguilles d'une montre.
  - Force magnétique est donc perpendiculaire au champs et a la vitesse or F=ma donc l'accélération est aussi perpendiculaire a la vitesse et au champs.
  - La force magnétique ne produit JAMAIS de travail car elle est toujours perpendiculaire à la vitesse et donc au déplacement. Donc l'énergie mécanique, et également l'énergie cinétique reste constante.
  - Dans le cas ou le vecteur vitesse ne serait pas perpendiculaire au champs magnétique B on aurait Force de Lorenz : F=qv.B.sin(angle)

Par convention, nous avons vu que le courant est de sens opposé au déplacements des électrons. On en déduit plusieurs choses :

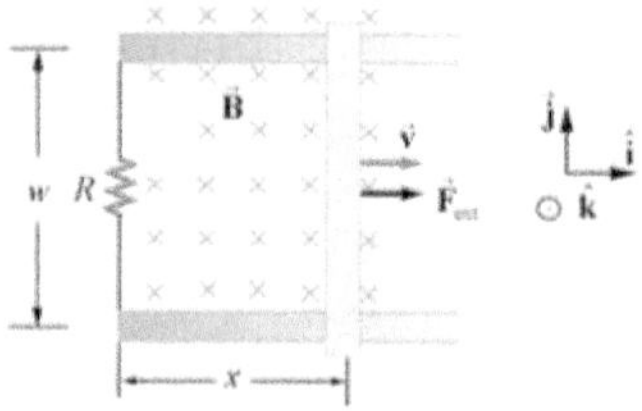

⇒ Si on suit la règle de la mains droite (v vers la droite puis B qui rentre dans la feuille) donc les protons vont vers le haut et les électrons vont vers le bas. Ainsi, le courant électrique va vers le haut (sens inverse des aiguilles d'une montre).

⇒ **Si on augmente la vitesse de la barre vers la droite, alors on augmente la surface, ce qui augmente la tension aux bornes.**

⇒ La force magnétique est dans le sens inverse et s'oppose à la force extérieur (règle de la main droite : intensité vers le haut de la barre scalaire B qui rentre, on le verra surtout par la suite dans ce cours).

Remarque : Si le circuit n'est pas fermé, la tige déplacée se comporte comme une pile qui ne débite pas de courant donc la tension V due au mouvement correspond à une variation d'énergie potentielle et donc au travail qu'il a fallu effectuer pour déplacer les charges contre la force de Lorentz :

$$V = vBl$$
$$V = (\vec{v} \times \vec{B})\vec{l}$$

Le déplacement des charges continuera alors jusqu'à ce que la force magnétique soit en équilibre avec la force électrostatique, donc lorsque E = vB.
Lorsque le fil n'est plus en mouvement, la tension retourne à zéro.

Exemple du mouvement cyclotron :

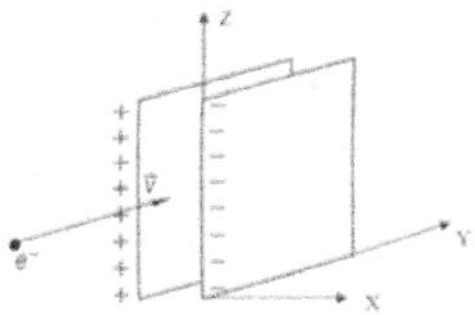

Dans ce schéma là, si on ne veut pas que l'électron modifie sa trajectoire, on doit appliquer un champ magnétique dans le sens –z car :

- ⇒ Le champ électrique créé par les plaques est dirigé vers +x. Donc la force électrique Fe que subit l'électron est dirigée vers –x.
- ⇒ Pour compenser Fe il faut que la force magnétique FM soit dirigée vers +x. On a : FM = qv×B or c'est un électron donc FM = -qv×B
- ⇒ Règle de la main droite : détermine le sens de B = –z.

L'anneau de stockage : accélérateur de particule

Définition : Un anneau de stockage est un type d'accélérateur de particules circulaire dans lequel un faisceau à impulsion ou continu de particules peut être conservé sur une longue durée, jusqu'à plusieurs heures. Le stockage d'une particule élémentaire particulière dépend de la masse, de l'énergie et habituellement de la charge de la particule à stocker. Le plus couramment, les anneaux de stockage doivent stocker des électrons, des positrons ou des protons.

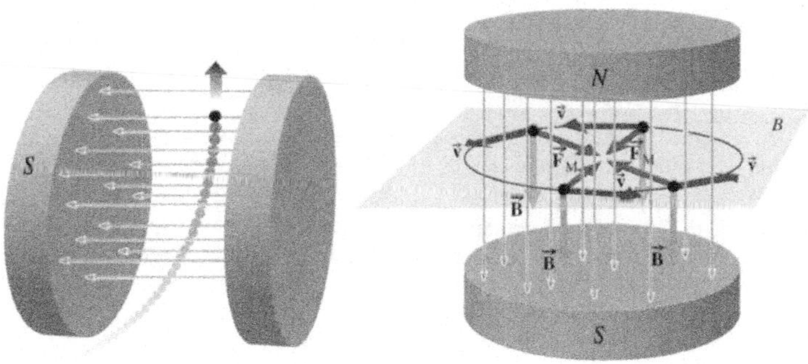

(a) (b)

Si on prend une charge q positive, dans un champ magnétique $\vec{B}$, tel que $\vec{B} \perp \vec{v}$, celle ci ne subira aucune accélération dans la direction du champ (car $\vec{F}_m \perp \vec{B}$) mais subira une accélération centripète, perpendiculaire à sa vitesse. La particule décrit donc un cercle complet dans ces accélérateurs de particule.

<u>Remarque</u> : Si la charge était négative, elle décrirait un cercle dans le sens inverse des aiguilles d'une montre.

Pour une charge donnée, sa trajectoire sera donné grâce à la quantité de mouvement mv et le champ B :

$$qvB = \frac{mv^2}{R} \rightarrow R = \frac{mv}{qB}$$

- <u>Champs électrique</u> : soit la charge est positive et vitesse va dans le même sens que E (champs électrique) soit elle est négative et va dans le sens contraire → mais toujours parallèle au champs !

- Si une particule est influencée par un champs electrique et un champs magnétique de manière opposé, la force résultante sera nul si les normes des champs sont égaux.

Moment de force sur une spire

Définition : Une spire peut être :

⇒ Une boucle ouverte qui annonce ou amorce un mouvement de spirale. Par exemple, un ressort ou un solénoïde est constitué de spires.

⇒ Un circuit électrique parcouru par un courant électrique.

<u>Remarque</u> : Si on réduit la taille d'une spire dans un champ magnétique, on diminue sa tension aux bornes.

Par extension, comme le moment de force mécanique $\vec{\tau}$ modifie la direction de $\vec{L}$, il nous faut un moment de force qui modifiera la direction du moment magnétique $\vec{\mu}$.

Par exemple, si on prend une bobine rectangulaire, transportant un courant I, capable de tourner autour d'un axe vertical. On pose respectivement l_h et l_v les longueurs des côtés horizontaux et verticaux. Maintenant, on place cette bobine dans un champ magnétique B

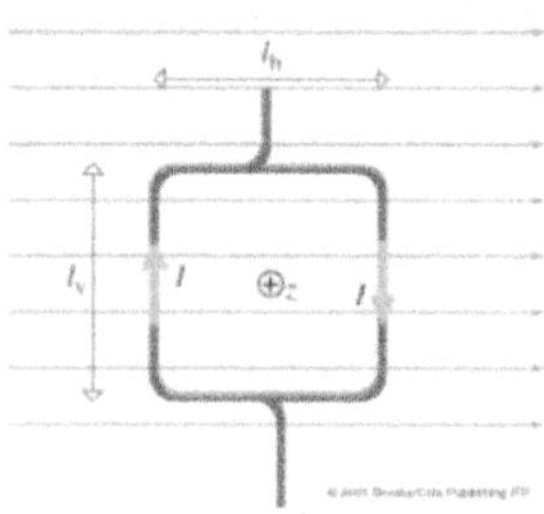

horizontal et uniforme, n'ayant aucun effet sur les cotés horizontaux puisque ces forces sont opposés et parallèle à l'axe :

Concernant les côtés verticaux, les forces vont induire un moment de force qui va pousser la bobine à tourner et à s'aligner dans une position perpendiculaire.

<u>Remarque</u> : La bobine est un dipôle magnétique avec un pôle nord (direction +z) et un pôle sud (direction –z).

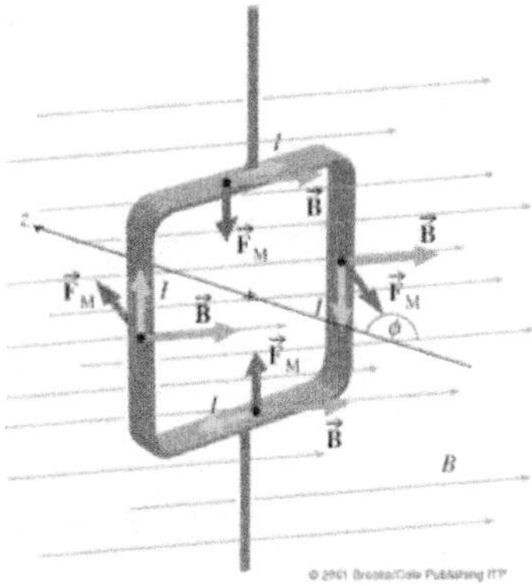

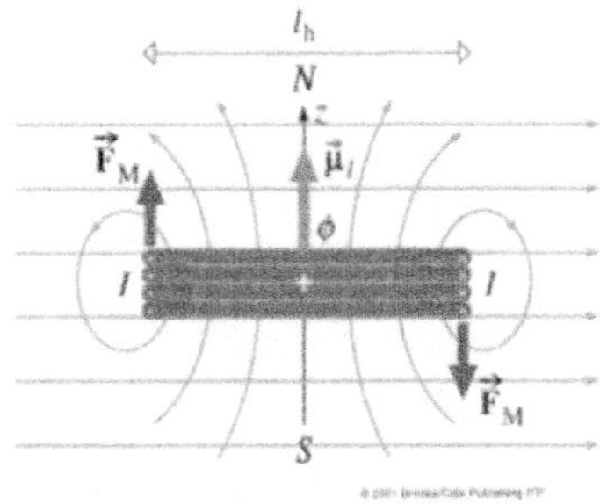

En faite, sur les côtés verticaux, les forces sont opposées et indépendantes de l'axe z et B. Pour chaque segment de N fils on a :

$$F_M = NIl_vB$$

Si l'axe forme alors un angle ϕ avec le champ, la distance normale entre la ligne d'action de la force et l'axe de rotation pour chaque force est :

$$\frac{1}{2}l_h sin\phi$$

Le moment de chaque force est donc :

$$F_M\frac{1}{2}l_h sin\phi$$

Les deux moments s'additionnent à un total de :

$$\tau = 2\ (F_M\frac{1}{2}l_h sin\phi)$$

On peut également mettre en relation le moment magnétique et le moment de force :

$$\vec{\tau} = \vec{\mu} \times \vec{B}$$

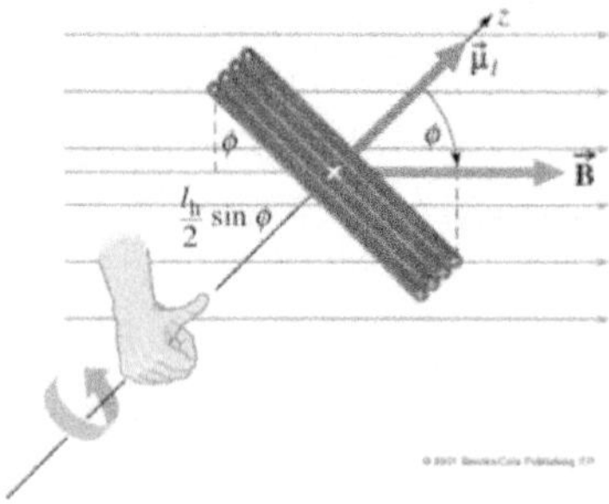

<u>Remarque</u> : Le moment de force dépend de la surface et non pas de la géométrie de la bobine.

- Spire dans un champ magnétique :

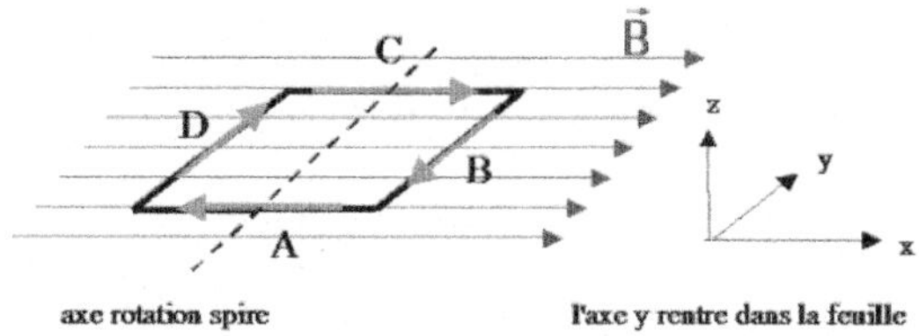

  - **Moment magnétique** = moment générer par le mouvement des charges (on oublie le champs), dans cet exemple, il est dirigé selon –z car $\vec{\mu} = I\vec{A}$

  - **Moment de force** = moment qui est du au mouvements dans un champs, dans cet exemple, il est dirigé vers –y car $\vec{\tau} = \vec{\mu} \times \vec{B}$

  - **L'énergie potentielle** $E_p = -\vec{\mu} \times \vec{B}$ est nulle car car μ et B sont perpendiculaire.

- Spire perpendiculaire a un champ magnétique :

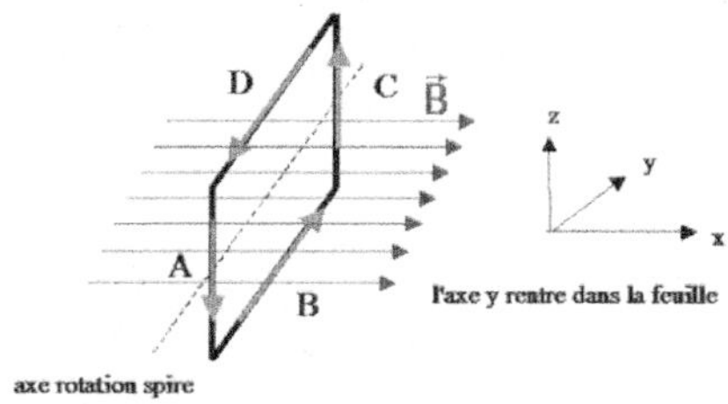

  - Ici la force est dirigée selon –y car $\vec{F} = I\vec{L} \times \vec{B}$
  - Le **moment magnétique** μ de la spire est orienté selon x (règle de la main droite appliquée au courant).
  - Le **moment de force** applique sur la spire est donné par τ = μ× B. Or μ et B étant parallèles, τ est nul.
  - **L'énergie potentielle** $E_p = -\vec{\mu} \times \vec{B}$ est a sa plus petite valeur et est donc minimale ici car μ et B sont parallèle (donc Ep < 0)

L'énergie potentielle est donc minimale lorsque μ et B sont perpendiculaire et nulle si μ et B sont parrallèle.

L'induction électromagnétique

Un courant continus produit un champ magnétique, jusque là nous sommes d'accord. Par contre un champ magnétique constante ne produit pas de courant continu ! **Le magnétisme et l'électricité sont reliés par des variations temporelles.**

Définition : En fait, l'induction électromagnétique est simplement l'apparition d'une force électromotrice, dans un conducteur électrique, soumis à un flux de champ magnétique variable (relisez plusieurs fois cette phrase si cela est nécessaire !). C'est justement cette force électromotrice (aussi appelé tension) qui engendrera un courant électrique dans le conducteur.

La tension induite dépend donc du taux de variation du champ magnétique et de la surface perpendiculaire $BA_{\perp}$. C'est cette quantité qu'on appellera flux du champs magnétique ϕ_M :

$$\phi_M = B_{\perp}A = BA_{\perp} = BAcos\theta$$

<u>Remarque</u> *: Le flux magnétique est le tesla-mètre^2, aussi appelé weber Wb. 1 Tesla = 1 Wb/m^2.*

Le champ magnétique B est aussi appelé densité de flux (flux par unité de surface).

La loi de Faraday nous dit qu'un circuit soumis à un flux magnétique variable Φ (issu d'un champ magnétique variable B) subit une force électromotrice ε :

$$\varepsilon = -\frac{d\Phi}{dt}$$

Si la bobine est formé de N spires, les tensions sont en série et d'additionnent :

$$\varepsilon = -N\frac{d\Phi}{dt}$$

Le signe négatif indique que le courant induit s'oppose à la variation temporelle du champ externe B_{ext} : il crée un champ induit B_{ind} dans le sens opposé à la variation du champ externe (= loi de Lenz), pareil que le dipôle électrique dans un champ électrique.

En d'autres termes, quand on augmente le champ dans une bobine, on crée un courant. Ce courant va tourner dans un sens qui va créer lui même un champs magnétique opposé a celui qu'on lui a imposé, entrainant une diminution du courant (dû à la résistance) et donc une diminution du champ.

A retenir : Quand l'intensité du champ diminue, la tension au borne d'une spire diminue. Donc pour cette variation de B, on peut s'attendre à avoir ce type de tension aux bornes :

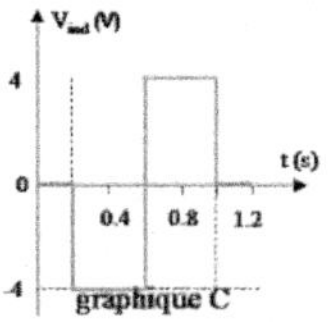

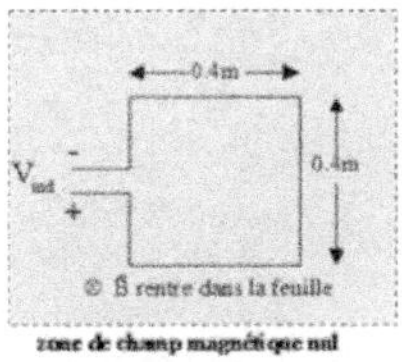

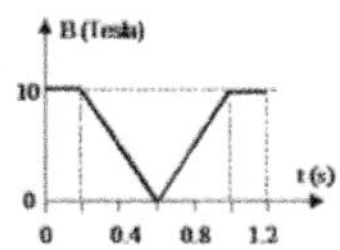

<u>Remarque</u> : de 0 à 0,2s et de 1 à 1,2s, la tension est la même car B est le même.

<u>Loi de Lenz</u> : La loi de Lenz indique que le courant induit est dans la direction qui créé un champ magnétique qui s'oppose à la variation du champ externe.

Rappel : les lignes de champ B vont du N vers le S.

- <u>Cas 1</u> : Pour que le courant se propage dans l'anneau dans le sens des aiguilles d'une montre il faudrait que le champs se dirige vers la gauche.
  Si l'aimant se rapporoche vers la droite on va crée un courant vers la droite qui veut s'opposer au champs (dirigé vers la gauche)
  Si l'aimant s'éloigne, c'est l'inverse.

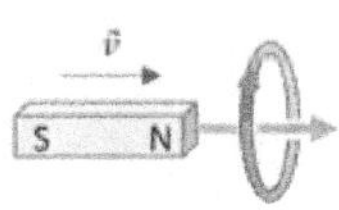

- <u>Cas 2</u> : L'anneau s'approche du fil donc le champ magnétique augmente, on veut crée un courant qui vise à annuler ce champ donc en sens inverse (votre pouce est le courant). On a le même effet si on diminue le courant.

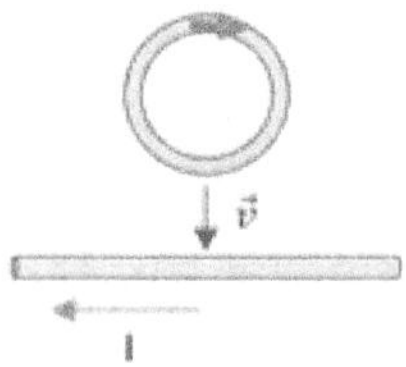

Vous savez que F = qv.B donc, dans cet exemple, les électrons présent dans le fil auront une force qui le feront déplacer vers le bas du fil, et ce sera l'inverse pour une charge positive :

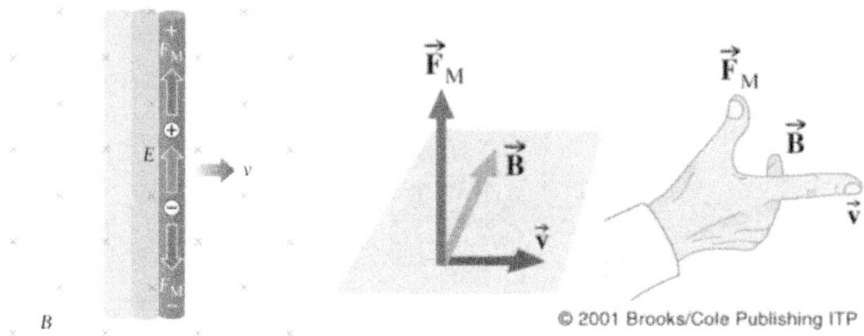

Le déplacement des charges continue jusqu'à équilibre entre la force magnétique et la force électrostatique, donc quand qE = qvB, soit E = vB.

Pour rappel :

⇒ Force de Lorentz : $\vec{F} = q\vec{v} \times \vec{B}$
⇒ Force électrique : $\vec{F}_E = q\vec{E}$

Générateur de courant alternatif

Définition : Un générateur électrique est un dispositif permettant de produire de l'énergie électrique à partir d'une autre forme d'énergie. Par opposition, un appareil qui consomme de l'énergie électrique s'appelle un récepteur électrique.

On peut modéliser un générateur de deux manières :
⇒ Un générateur de tension avec une résistance en série.
⇒ Un générateur en parallèle avec des résistances en parallèle.

Il existe plusieurs types de générateur, tel que les générateurs électrostatiques, les générateurs de courant continu (=dynamo), etc. Parmi eux existe les générateurs de courant alternatif : un alternateur est une machine rotative qui convertit l'énergie mécanique, fournie au rotor, en énergie électrique, à courant alternatif.

<u>Remarque</u> : Plus de 95% de l'énergie électrique est produite grâces aux alternateurs car c'est moins couteux, avec un rendement meilleur que les générateurs de courant continu.

Ce générateur est constitué du :

- ⇒ **<u>Rotor</u>** : c'est l'inducteur, constitué d'un aimant permanant (induisant un champ constant) ou bien un électroaimant (qui peut être réguler afin d'ajuster la tension et le courant produit).
- ⇒ **<u>Stator</u>** : c'est l'induit. Cet enroulement va être le lieu de passage du courant électrique alternatif induit par la variation du flux du champ magnétique. Ce même flux du champ magnétique est justement dû au mouvement relatif de l'inducteur par rapport à l'induit.

<u>Remarque</u> : Une bobine est la mise en rotation dans le champ constant d'un aimant permanant.

Nous simplifierons en montrant une bobine formé d'une seule spire rectangulaire :

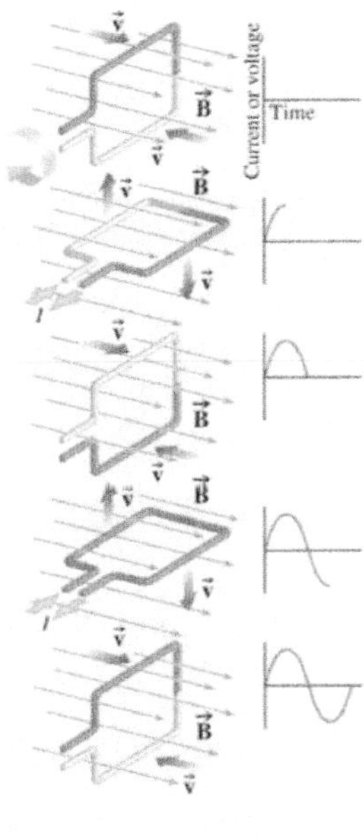

Lorsque la bobine tourne, les côtés « longs » se déplacent dans le champ à une vitesse égale et opposée.

Biensur, si nous avons une bobine (rotor) constitué de N spire, la tension est multipliée par N :

$$V = 2Nvsin\theta Bl$$

A retenir :
<u>Tension alternative</u> : Flux = champs magnétique

- ⇒ Quand un aimant fait un mouvement circulaire, l'angle est défini par la vitesse angulaire multiplié par le temps donc s'il a une vitesse de π rad/s alors il fait 1 tour soit 2π en 2s donc la période est de T=2s.
- ⇒ $f = \frac{\omega}{2\pi}$
- ⇒ **Le flux magnétique et la tension induite varient avec la même fréquence mais sont en antiphase !**

L'auto-induction

Lorsque la source du champ magnétique, qui induit une force électromotrice dans un circuit, est le courant électrique parcourant ce même circuit alors on parlera d'auto-induction.

C'est une propriété que possède un conducteur, parcouru par un courant électrique, de s'opposer aux variations de celui-ci puisque ce conducteur va générer un champ magnétique (dû au passage du courant électrique) suivant la loi de Lenz-Faraday (lorsque le le flux du champ magnétique varie, on aura l'apparition d'une tension appelée force électromotrice, orienté de manière à générer des courants s'opposant à la variation du flux.

<u>Remarque</u> : Le coefficient d'auto-induction L ne dépend que de la configuration géométrique du circuit (sa taille, sa forme, son matériau) et est toujours strictement positif.

$$L = \frac{\mu_0 N^2 A}{l}$$

On parlera de μ_0 lorsque le solénoïde est creux et de μ lorsqu'il est plein.

Ainsi, le phénomène d'auto-induction retarde l'augmentation et la diminution de tout courant dans une bobine. C'est en quelque sorte une mesure de la résistance au changement.

<u>Remarque</u> : L'unité de l'inductance est le Henry H.

A retenir : La tension auto-induite instantanée est proportionnelle au taux de variation du courant dans la bobine.

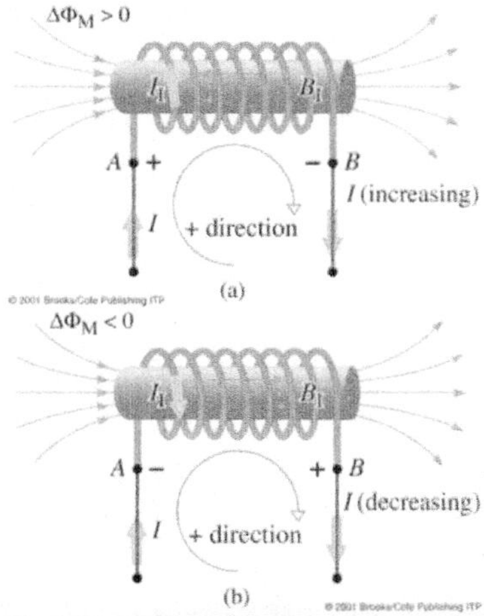

⇒ Si le courant augmente (a), le flux magnétique dans la bobine augmente donc le courant auto-induit va s'opposer à l'augmentation de I qui va alors diminuée. L'auto-induction aura alors causer une chute de potentiel.

⇒ Si le courant diminue(b), le flux magnétique dans la bobine diminue donc le courant auto-induit va s'opposer à la diminution de I qui va alors augmentée. L'auto-induction aura alors causer une augmentation de potentiel.

On appelle circuit RL tout circuit constitué d'une pile, d'une inductance L et d'une résistance R.

Puisque la bobine ne laisse passer le courant qu'après un certains temps, $\tau = \frac{L}{R}$, alors une tension alternative de haute fréquence f ne pourra pas passer la bobine à cause de l'auto-induction. L'inductance se comporte alors comme un filtre faisant passer que les fréquences f inférieurs à $f_c = \frac{1}{\tau} = \frac{R}{L}$. f_c étant la fréquence de coupure.

A l'inverse, un condensateur se comporte comme un filtre ne laissant passer que les fréquences f supérieures à la fréquence de coupure.

A retenir pour l'IRM :

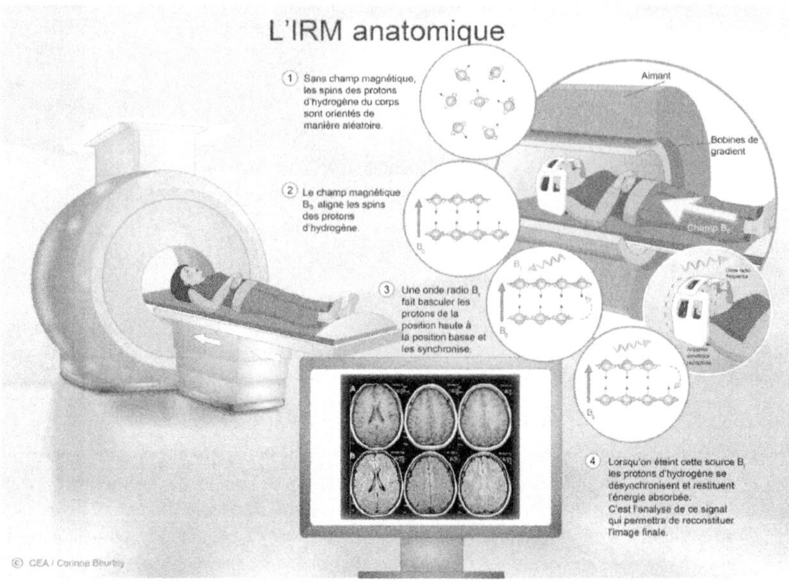

⇒ Le processus clef dans les systèmes d'IRM est le basculement collectif local des moments magnétiques de certains noyaux atomiques (et donc de la magnétisation locale).

⇒ *Principe* : le champ magnétique statique appliqué induit un mouvement de précession des moments magnétiques des protons de l'eau autour de la direction du champ magnétique.

⇒ La fréquence de Larmor est la fréquence de précession des noyau d'atomes autour d'un champs magnétique statique. Elle **augmentera proportionnellement au champ magnétique** constant appliqué. Mais attention ! Si on modifie un autre paramètre (fréquence etc..), le champ B ne sera pas modifié !

⇒ C'est le temps de relaxation (ou le temps nécessaire aux moments magnétiques des protons pour se réorienter selon B_0) qui est modifié par l'environnement et permet la discrimination entre les différents tissus et non la fréquence de Larmor !

Remarque : le photon gamma rien à voir avec l'IRM, c'est utilisé pour le CT scan par exemple. Les techniques utilisant les rayons-X (comme le CT-scan) utilisent des photons à hautes énergies qui peuvent ioniser les atomes affectés et sont donc beaucoup plus nocives que la méthode par résonnance magnétique.

PHYSIQUE NUCLÉAIRE

Les prérequis

La physique nucléaire correspond simplement à des interactions au niveau du noyau des atomes.

Rappelez-vous, un noyau est simplement une sphère constituée de nucléons (protons, chargé positivement, et neutrons, non chargé).

On note les atomes de cette manière :

$$^{A}_{Z}X$$

Avec : X le symbole de l'élément chimique, Z le nombre de protons (c'est le numéro de charge ou numéro atomique) et A le nombre de nucléons (c'est le nombre de masse).

Alors pourquoi est-ce qu'on parle de nombre de masse, nombre de charge ? Ce tableau l'explique très simplement :

Particule	Représentation	Nombre de Nucléons	Nombre de charges électriques portées
Proton	$^{1}_{1}p$	1	1 charge positive
Neutron	$^{1}_{0}n$	1	Aucune
Electron	$^{0}_{-1}e$	0	1 charge négative
Positon	$^{0}_{1}e$	0	1 charge positive

Remarque :

⇒ *La distribution de la densité de charge et de masse est presque la même dans le noyau.*

⇒ *Le nombre de nucléon dans un noyau est proportionnel à son volume.*

Toujours dans les rappels, revoyons l'isotopie. Deux noyaux sont isotopes lorsqu'ils ont le même nombre de protons (Z égaux) mais un nombre de neutrons différents (A différents), en étant le même élément chimique. Par exemple :

⇒ L'isotope carbone 14 nous permet de dater de vieux objets de plusieurs milliers d'années.

⇒ L'isotope iode 131 est utile en médecine pour observer la thyroïde via scintigraphie.

⇒ L'isotope uranium 235 est le principal combustible des centrales nucléaires à fission

⇒ Etc.

Ainsi, certains noyaux sont stables avec une composition en protons et neutrons qui ne change pas au cours du temps tandis que d'autres vont spontanément se transformée : ce sont des noyaux instables. Ceci est simplement dû à l'interactions forte des nucléons (force attractive) qui permet la cohésion du noyau et l'interaction électriques des protons (force répulsive) qui, au contraire, « l'éclate ».

Justement, la **radioactivité c'est le fait qu'un noyau instable se désintègre spontanément en un nouveau noyau en émettant soit une particule, soit un rayonnement**.

La radioactivité

Nous avons 3 types de radioactivités :

⇒ Radioactivité α (alpha)

La particule α est un noyau d'hélium 4 : c'est un noyau qui a trop de nucléon donc il éjectera cette particule afin de former un nouveau noyau. C'est souvent pour les noyaux radioactifs les plus lourds.

$$ {}_{Z}^{A}X \rightarrow {}_{Z-2}^{A-4}Y + {}_{2}^{4}He + q $$

⇒ Radioactivité $\beta -$ (beta moins)

La particule $\beta -$ est un électron : en faite, dans le noyau, un neutron peut se transformer en proton, et si c'est le cas, un électron est éjecté.

$$ {}_{Z}^{A}X \rightarrow {}_{Z+1}^{A}Y + e^{-} + \overline{\nu}_e + q $$

$$ n \rightarrow p + e^{-} + \overline{\nu}_e $$

⇒ Radioactivité $\beta +$ (beta plus)

La particule $\beta +$ est un positon (antiparticule de l'électron, c'est son « opposé ») : en faite, dans le noyau, un proton peut se transformer en neutron, et si c'est le cas, un positon est éjecté.

$$ {}_{Z}^{A}X \rightarrow {}_{Z-1}^{A}Y + e^{+} + \nu_e + q $$

$$ p \rightarrow n + e^{+} + \nu_e $$

⇒ Le rayonnement γ (gamma)

Lorsqu'un noyau se désintègre et forme un nouveau noyau, il se trouve dans un état d'énergie excité. Pour retourner à son état fondamental, il doit émettre un photon pour se désexcité : c'est le rayonnement γ.

$$ {}_0^1n + {}^{238}U \rightarrow {}^{239}U^* \rightarrow {}^{239}U + \gamma $$

Remarque : Le rayonnement γ est très énergétique et donc très dangereux en cas d'exposition.

A retenir :

- ⇒ Pouvoir de pénétration : **Gamma > beta > Alpha**
- ⇒ Plus le matériau d'une protection est dense, plus les radiations sont arrêtées.
- ⇒ Le nombre de protons donné par le **numéro atomique Z détermine le nom d'un élément chimique**, cependant le nombre de neutrons présents dans le noyau peut fluctuer créant ainsi des isotopes.
- ⇒ La charge d'un atome est donnée par sa composition est électron et protons seulement.

Nous avons ainsi une radioactivité naturelle où les noyaux instables existent dans la nature (α et $\beta +$) et une radioactivité artificielle où les noyaux instables seront créés en laboratoire ($\beta -$).

Lors de la désintégration nucléaire on passe donc d'un noyau de départ (le noyau père) à un nouveau noyau (le noyau fils) : la **transmutation nucléaire** est le fait que le noyau père et le noyau fils n'appartiennent pas au même élément chimique.

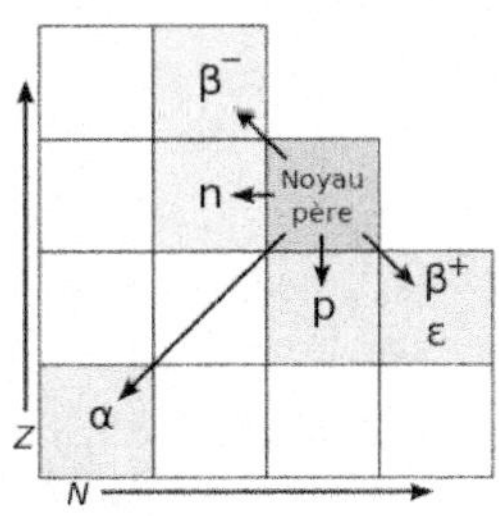

En fait, une réaction nucléaire obéit aux lois de Soddy, ce sont les deux lois de la conservation :

⇒ Conservation du nombre de nucléons

⇒ Conservation du nombre de charges électriques (la charge <u>totale</u> ne varie pas)

L'activité d'un échantillon radioactif, noté A, correspond simplement au nombre de désintégrations radioactives par secondes. L'unité est le Becquerel (Bq) : 1 Bq est une désintégration par seconde.

On mesure l'activité d'un échantillon grâce au compteur Geiger-Muller : en fait ce compte possède un gaz qui s'ionise lorsque qu'une particule (alpha, beta plus, beta moins) ou un photon passe. Ainsi, a chaque passage, il y a une impulsion électrique qui sera mesuré. Cependant, on ne peut pas différencier si l'impulsion proviens de tel ou tel particule.

Ainsi, avec le temps, les noyaux radioactifs disparaissent : l'activité d'un échantillon diminuera continuellement au cours du temps de manière exponentielle.

Nous n'allons pas nous éterniser sur la cinétique d'un échantillon au cours du temps, puisqu'il y a une cour dédiée à cela en chimie générale, mais voici quelques rappels :

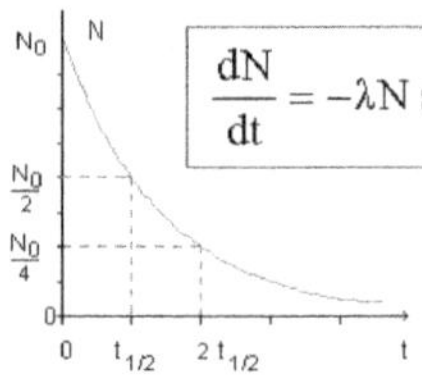

$$\frac{dN}{dt} = -\lambda N \text{ soit } N = N_0 \, e^{-\lambda t}$$

$$\lambda t_{1/2} = \ln 2$$

Le temps de demi vie est la durée à laquelle l'activité initiale est divisé par 2. C'est une propriété propre au noyau radioactif en question, on l'appelle aussi période radioactive.

<u>Remarque</u> : N désigne le nombre de noyaux.

Les réactions nucléaires

Nous parlerons de fusion nucléaire lorsque des noyaux légers vont fusionnées entre eux pour donner un noyau plus lourd, s'accompagnant d'une émission de particules (protons, neutrons, positons, photons, ...).

<u>Remarque</u> : Nous avons ces types de réactions uniquement à haute température car il faut que les deux noyaux aient de grandes vitesse afin de lutter contre les force de répulsion. Ce type de réaction a lieu au cœur des étoiles.

Puis, nous parlerons de fission nucléaire lorsqu'un noyau lourd se scinde en deux noyau léger en émettant des particules (protons, neutrons, positons, photons, ...). Cela peut se faire spontanément mais bien souvent, on bombarde le noyau avec un projectile (neutron) afin d'initier la fission. C'est cela qui se produit dans les réacteurs de centrales nucléaires et dans les bombes nucléaires.

Equivalence masse énergie

Einstein, dans sa théorie de la relativité, nous dit que la masse et l'énergie d'une particule sont reliés puisque la masse (tout comme les distances et le temps) ne sont plus constant puisqu'ils dépendent de la vitesse. C'est ainsi qu'est né la fameuse formule :

$$E = m \times c^2$$

Avec c la vitesse de la lumière dans le vide.

<u>A retenir</u> :

Rien ne peut dépasser la vitesse de la lumière mais a l'époque, Broglie pensais qu'on le pouvait si on augmentait énormément le potentiel. La théorie du relativisme d'Einstein est venue corriger cette erreur : la masse (comme les distances et le temps) ne sont plus constants mais dépendent de la vitesse. Il existe cependant une masse dite de repos.

Lors de réactions nucléaires, la masse des particules avant la réaction est noté m_{avant} et la masse des particules après la réaction est noté $m_{après}$. On va chercher à mesurer cette différence de masse Δm.

Si on observe Δm, on peut voir qu'il est toujours inferieur à 0 lors d'une réaction nucléaire (fission ou fusion) car $m_{après} < m_{avant}$. Cette variation de masse nous indique donc que l'énergie change aussi entre avant et après la réaction nucléaire.

Puisque la variation de la masse est négative, la variation d'énergie du système l'est également !

A retenir :

Lors d'une réaction nucléaire, tel qu'une désintégration radioactive, une fission, une fusion), on aura de l'énergie qui sera libéré dû à la perte de masse des particules en question. Cette énergie libérée peut varier de quelques MeV à des centaines de MeV...

La curiethérapie par exemple utilise cette technique afin de lutter contre le cancer (spécialement de la prostate, du sein et de la peau) : on va placer des sources radioactives au niveau des cellules tumorales afin de les détruire grâce à l'énergie libéré par les désintégrations nucléaires.

Ainsi, on peut retenir que la masse totale des nucléons et la masse du noyau est différent car lors de la formation du noyau, il y a une libération d'énergie donc une masse inférieure à si on avait pris les nucléons un par un.

Par exemple, le but de « l'accélération de particules » est de produire des particules de hautes énergies, très utile dans de nombreuses applications physique et médicale :

$$\frac{1}{2}\, m_e v^2 = eV$$

L'énergie de liaison correspond à l'énergie nécessaire pour dissocier un système de particules ou corps en interaction donc l'énergie de liaison d'un noyau est égale à l'énergie qui est libéré lors de sa formation à partir des nucléons pris séparément :

$$E_{liaison} = \left[Z \times m({}_{1}^{1}p) + (A - Z) \times m({}_{0}^{1}n) - m({}_{Z}^{A}X)\right] \times c^2$$

$$E_{liaison\ par\ nucléon} = \frac{E_{liaison}}{A}$$

Avec A le nombre de masse.

Ainsi, **un noyau est d'autant plus stable que son énergie de liaison par nucléon est grande**.

CINÉTIQUE

Les pré-requis

La cinématique nous permet de décrire les mouvement d'un corps en fonction du temps sans s'occuper des causes donc indépendamment des actions qui produisent ces mouvements. Pour cela, nous avons besoin de fixer un référentiel :

> Référentiel : Un objet est en mouvement par rapport à un autre objet (celui qui sert de référence) si sa position change au cours du temps par rapport à cet objet de référence.

Par exemple :

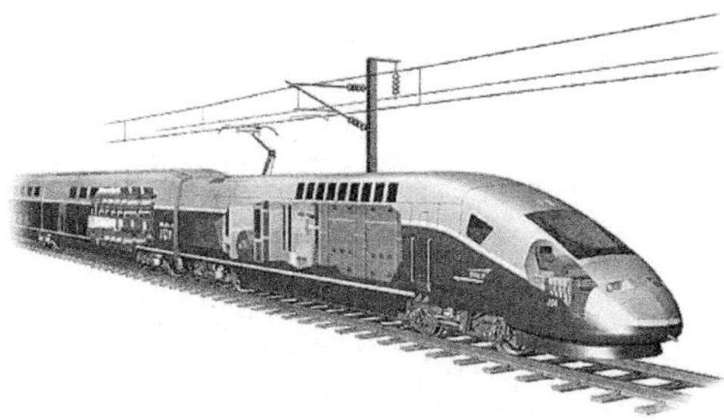

Si une personne est assise dans un train en mouvement, elle sera immobile pour une personne assise en face de lui mais sera en mouvement pour une personne assise sur le quai de la gare.

Une fois le référentiel défini, celui ci est considéré comme fixe et non déformable au cours du temps.

Si l'on change de référentiel, les vitesses se composent :

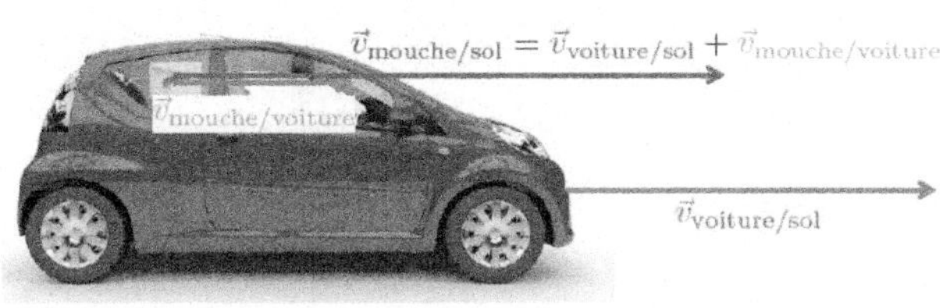

> **A retenir :** Lors de vitesse dans des référentiels différents on additionne les vitesses. Par exemple, $v_{objet}(S1) = v_{objet}(S2) + V_{S2}$

Maintenant, avant d'étudier le mouvement du corps, il faut définir un repère d'espace, lié au référentiel, pour déterminer chaque position du mobile ainsi qu'une chronologie et un repère de temps.

Remarque : Pour un référentiel choisi, le repère sera fixe.

Tout point M dans l'espace peut être défini par ses coordonnées cartésiennes (x, y, z) une fois le repère d'espace posé (avec O pour origine). On écrire le vecteur position :

$$\overrightarrow{OM} = x\vec{i} + y\vec{j} + z\vec{k}$$

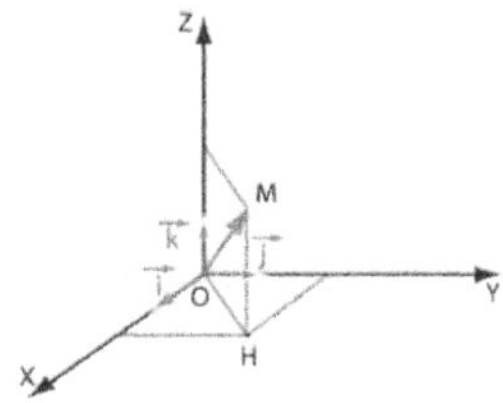

Dans le cas d'un mouvement plan, on parlera de **coordonnées polaires** (et non cartésiennes). Tout point M dans l'espace sera défini par ses coordonnées polaires (r,θ) où r = OM et θ = ($\overrightarrow{Ox}$; $\overrightarrow{OM}$) :

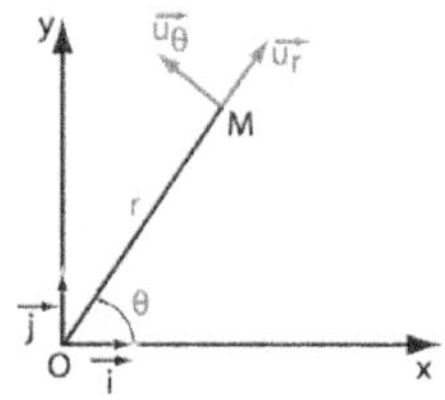

Le vecteur position est alors : $\overrightarrow{OM} = \vec{r}$

Remarque : Il existe également d'autres types de coordonnées : les coordonnées cylindriques, sphériques, curvilignes, ...
On peut d'ailleurs convertir les coordonnées polaires en coordonnées cartésiennes.

Rappel : Un vecteur donne des informations sur le sens (+/-), la direction (angle) et la grandeur (norme). V = $\|v\| = \sqrt{x^2 + y^2}$.

r_x = r x cos(θ)

r_y = r x sin(θ)

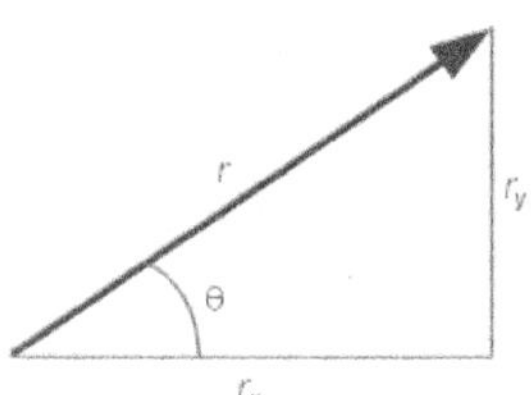

La vitesse et l'accélération

Définition : On définit un point M, en mouvement, dont la position dans un référentiel (R) est repérée par les coordonnées cartésiennes (x,y,z). Alors, la trajectoire de ce point M mobile, relativement au référentiel, est l'ensemble des points de l'espace occupés successivement par le mobile M au cours du temps.

On peut donc parler de vitesse moyenne du point et de vitesse instantanée.

⇒ La vitesse moyenne du point M mobile entre le temps t et t' est le vecteur :

$$\overrightarrow{vm} = \frac{\overrightarrow{MM}}{t' - t}$$

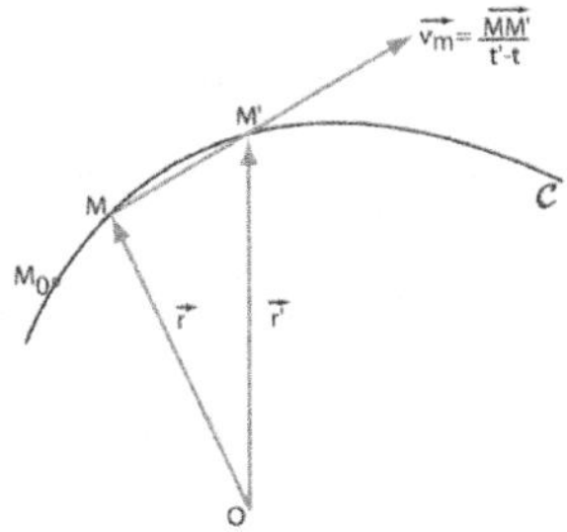

⇒ La vitesse instantanée du point M à un instant t, est un vecteur v porté par la tangente à la trajectoire au point M, dans le sens du mouvement :

$$\vec{v} = \frac{d\,\overrightarrow{OM}}{dt} = \frac{d\,\vec{r}}{dt}$$

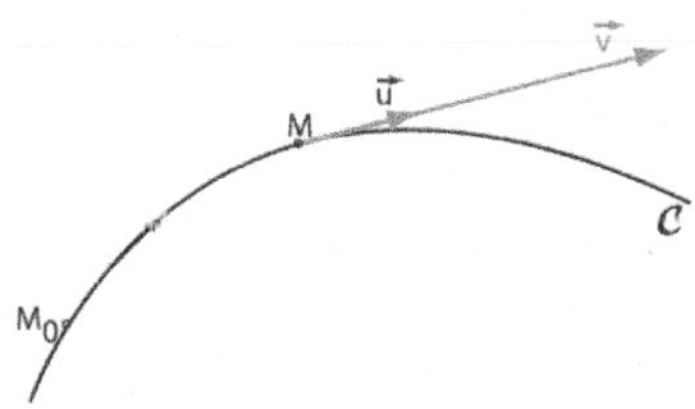

A retenir : La vitesse instantanée $v(t_0)$ est donnée par la dérivée de x(t) ou la pente de x(t) au temps t_0. Lorsque la pente est constante sur un intervalle de temps, la vitesse instantanée à chaque temps de cet intervalle est égale à la vitesse moyenne sur cet intervalle de temps.

Concernant **l'accélération spontanée** du point M : à l'instant t, elle correspond à la dérivée par rapport au temps, du vecteur vitesse (dans un référentiel donnée), soit :

$$\vec{a} = \frac{\overrightarrow{dv}}{dt} = \frac{d^2\vec{r}}{dt^2}$$

De même, nous pouvons avoir une **accélération moyenne** : $\overline{\overrightarrow{am}} = \frac{\Delta v}{\Delta t}$

Remarque : En effet, puisque l'accélération est le dérivé de la vitesse et que la vitesse est le dérivé de la position, l'accélération est la dérivé seconde du vecteur position.

On peut traiter chaque coordonnée indépendamment des autres en fonction de leur axe (position vectoriel) :

$$\vec{s}(t) = \begin{pmatrix} x(t) \\ y(t) \\ z(t) \end{pmatrix}$$

Il en va de même pour la vitesse instantanée, la vitesse moyenne, l'accélération spontanée et l'accélération moyenne :

Vitesse instantanée	$\vec{v}(t) = \begin{pmatrix} x'(t) \\ y'(t) \\ z'(t) \end{pmatrix} = \vec{s}\,'(t)$
Vitesse moyenne	$\bar{\vec{v}} = \begin{pmatrix} \frac{\Delta x}{\Delta t} \\ \frac{\Delta y}{\Delta t} \\ \frac{\Delta z}{\Delta t} \end{pmatrix} = \frac{\Delta \vec{s}}{\Delta t}$
Accélération spontanée	$\vec{a}(t) = \begin{pmatrix} v'_x(t) \\ v'_y(t) \\ v'_z(t) \end{pmatrix} = \vec{v}\,'(t)$
Accélération moyenne	$\bar{\vec{a}} = \begin{pmatrix} \frac{\Delta v_x}{\Delta t} \\ \frac{\Delta v_y}{\Delta t} \\ \frac{\Delta v_z}{\Delta t} \end{pmatrix} = \frac{\Delta \vec{v}}{\Delta t}$

Mouvement rectiligne

Si le point M est en mouvement le long d'une ligne droite, on parlera de **mouvement rectiligne**. On ne choisira alors qu'un **vecteur unitaire** $\vec{\imath}$ donc le vecteur position s'écrirait $\overrightarrow{OM} = x\,\vec{\imath}$, le vecteur vitesse $\vec{v} = \dot{x}\,\vec{\imath}$ et le vecteur accélération $\vec{a} = \ddot{x}\,\vec{\imath}$.

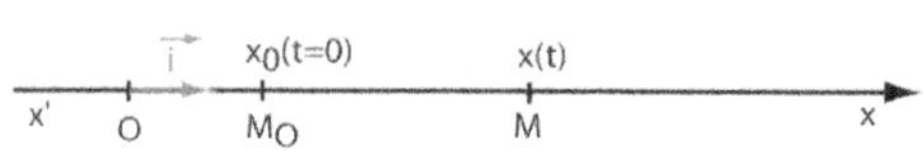

- **Mouvement rectiligne uniforme**

On parlera de mouvement rectiligne uniforme lorsque le point M est en mouvement à vitesse constante.

$\Rightarrow$ V_0 = V = constante

$\Rightarrow$ $\vec{a} = \frac{\vec{dv}}{dt} = 0$

$\Rightarrow$ $x = v_0 t + x_0$

Remarque : Cette équation de x (position du point M à un temps donné) correspond à l'intégrale du vecteur vitesse en fonction du temps.

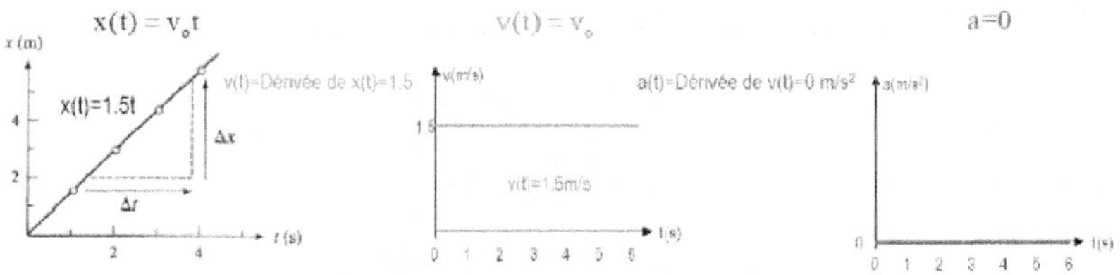

- **Mouvement rectiligne uniformément accéléré**

On parlera de mouvement rectiligne uniformément accéléré lorsque le point M est en mouvement à accélération constante :

$\Rightarrow$ Le mouvement est accéléré si $\vec{a}.\vec{v} > 0$.

$\Rightarrow$ Le mouvement est décéléré si $\vec{a}.\vec{v} < 0$.

Comme l'accélération est le dérivé de la vitesse, alors la vitesse est l'intégrale de l'accélération. C'est de la même manière qu'on peut retrouver la formule position du point M :

$\Rightarrow$ $\vec{a} = \vec{a_0}$ = Constante

$\Rightarrow$ $V = a_0 t + v_0$

$\Rightarrow$ $x = \frac{1}{2} a_0 t^2 + v_0 t + x_0$

Si on élimine t entre l'équation v et x on retrouve :

$$V_2 - V_0^2 = 2a_0 (x - x_0)$$

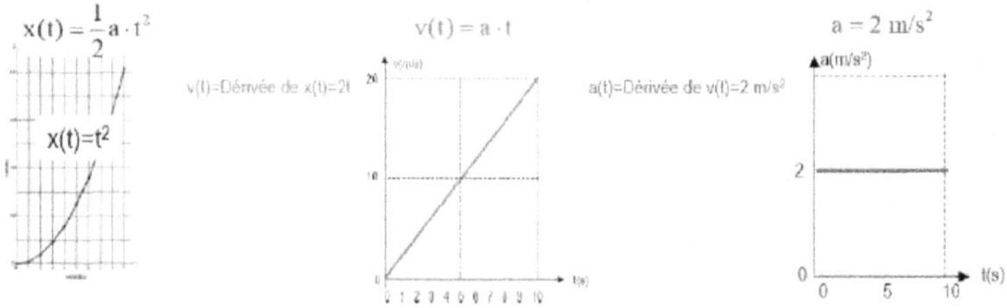

Ceci est pour un mouvement à 1 dimension, mais pour un mouvement en 3 dimensions, on peut toujours ramener le mouvement à deux dimension dans le plan défini par $(\vec{v}(t_0); \vec{a})$.

Exemple typique de mouvement à 2 dimensions : la chute l'un objet

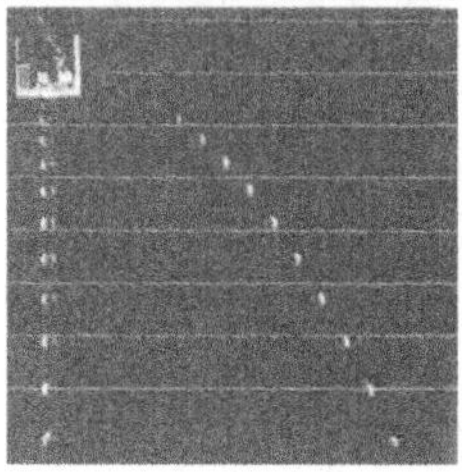

On pose :

$$\vec{a} = -\vec{g} = \begin{pmatrix} 0 \\ -g \end{pmatrix}, \quad \vec{v_0} = \begin{pmatrix} v_0 \\ 0 \end{pmatrix}, \quad \vec{s_0} = \begin{pmatrix} 0 \\ h \end{pmatrix}$$

Tout au long de la trajectoire, on peut connaître la position de l'objet en tout temps :

$$\vec{s} = \begin{pmatrix} v_0 t \\ h - \frac{1}{2}gt^2 \end{pmatrix}$$

Remarque : Le mouvement vertical est indépendant de v_0 !

A retenir dans le cas de différents lancé en exercice :

⇒ <u>Balle lancé verticalement</u> : La vitesse verticale varie comme : $v_y(t) = -gt + v_{y0}$, c'est une droite de pente négative. Dans la phase de montée, la composante v_y est positive et sa valeur diminue avec le temps. Elle est nulle au sommet et devient négative dans la phase de descente. Comme la vitesse horizontale est toujours nulle, au sommet la vitesse est nulle. Touchera le sol avec une composante $-v_y0$

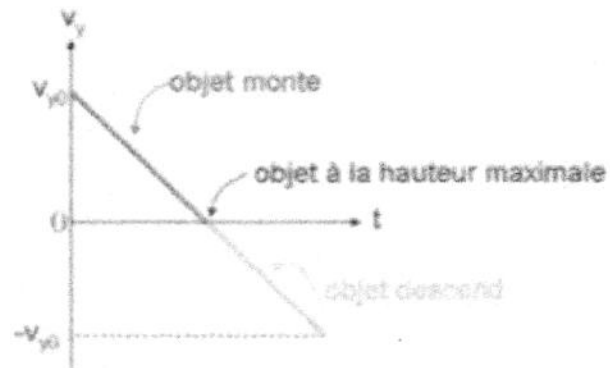

⇒ <u>Balle lancé horizontalement</u> : v_x ne change pas avec le temps et vaut v_{x0}. La composante v_y est nulle à t = 0 et diminue avec t (la composante v_y est négative)

⇒ <u>Balle lancé obliquement</u> : au sommet, la composante verticale v_y de la vitesse est nulle mais pas la composante horizontale qui vaut toujours v_{x0} (aucune force ne l'influence). Donc la norme de la vitesse est non nulle.

- <u>**Mouvement rectiligne sinusoïdal**</u>

On parlera de mouvement rectiligne sinusoïdale lorsque notre point M a une trajectoire toute droite et que sa loi horaire est une fonction sinusoïdale du temps :

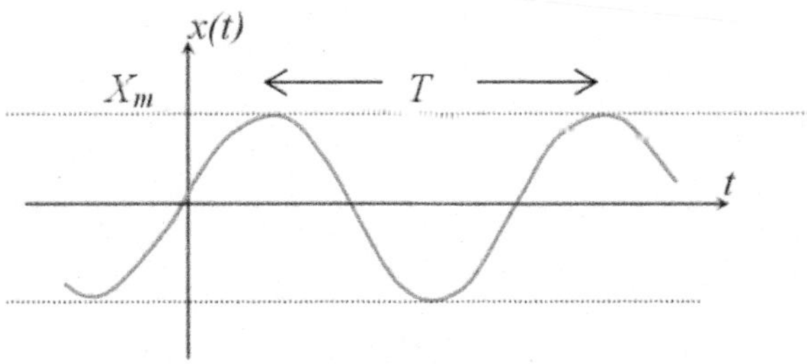

C'est typiquement le cas lorsqu'on étudie le mouvement d'un ressort car le point mobile M sera toujours en mouvement entre deux positions extrêmes sur le même axe des abscisses x.

- <u>**Mouvement circulaire**</u>

Enfin, nous parlerons de mouvement circulaire lorsque le point M se déplace sur un cercle fixe par rapport à un repère d'espace choisi.

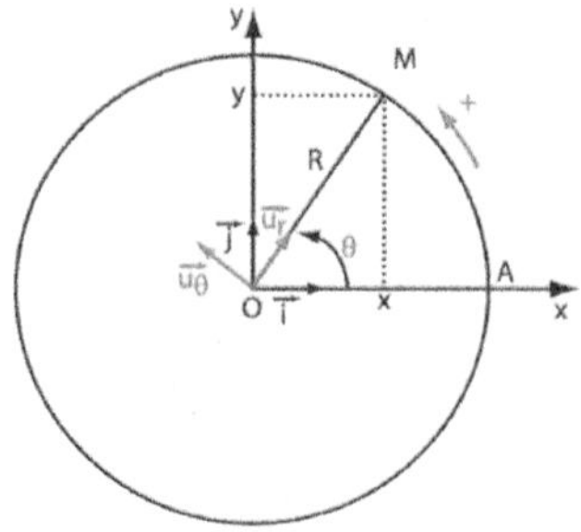

On peut alors représenter un même point de plusieurs manières :

⇒ En **coordonnées cartésiennes** (technique précédente) en choisissant le centre du cercle pour origine.

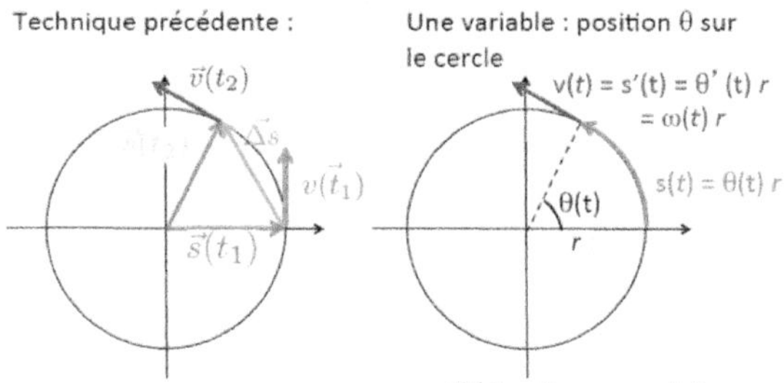

ω = dθ/d*t* : vitesse angulaire

⇒ En **coordonnées polaires** en définissant le point M $(r;\theta)$ avec $\theta = (\overrightarrow{OA}, \overrightarrow{OM})$

$$x(t) = x_m \sin(\omega t + \phi)$$

$$v = \dot{x} = \omega x_m \cos(\omega t + \phi)$$

$$a = \ddot{x} = -\omega^2 x_m \sin(\omega t + \phi) = -\omega^2 x$$

x_m : amplitude du mouvement en m
ω : pulsation en rad.s^{-1}
ϕ : phase à l'origine en rad
$\omega t + \phi$: phase à la date t en rad

Lors d'une trajectoire rectiligne, nous avons vu que l'accélération suit la trajectoire : dans le même sens que la trajectoire si la vitesse croît et de sens opposé si la vitesse décroit (ralentissement).

Lors d'une trajectoire non rectiligne, nous avons deux types d'accélérations :

⇒ **L'accélération vers le centre de la courbe « centripète » $\overrightarrow{a_c}$** : elle agit sur la direction θv (ex : guidon d'un vélo) donc elle « redirige » le vecteur vitesse. $\|\overrightarrow{a_c}\| = r\omega^2$

⇒ **L'accélération tangentielle, parallèle au vecteur vitesse $\overrightarrow{a_T}$**: elle agit sur la norme de la vitesse. (Ex : pédale ou frein d'un vélo). $\|\overrightarrow{a_T}\| = r\ \alpha$

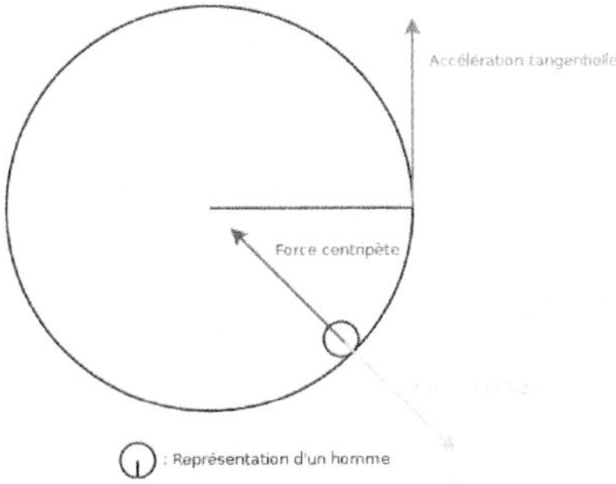

Ainsi, l'accélération est l'addition de ces deux composante et noté $\vec{a}$ (= $\overrightarrow{a_c} + \overrightarrow{a_T}$) :

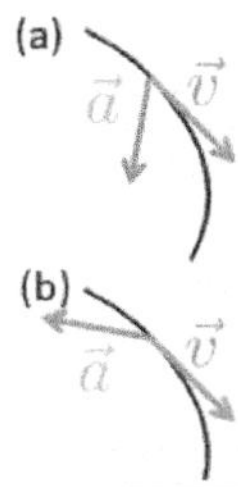

Remarque : Lors d'une trajectoire circulaire, l'accélération est toujours vers l'intérieur de la trajectoire.

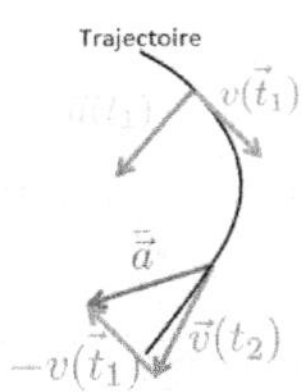

De même, on parlera de vitesse angulaire. Elle détermine la vitesse scalaire d'un objet et l'axe autour duquel l'objet tourne. On l'appelle aussi vitesse de rotation et représenté par le symbole omega (ω).

Si on considère un corps en rotation autour d'un axe fixe, dans un référentiel donné, alors la direction du vecteur vitesse angulaire est parallèle à l'axe de rotation. Le sens du vecteur peut être donné par la règle de la main droite :

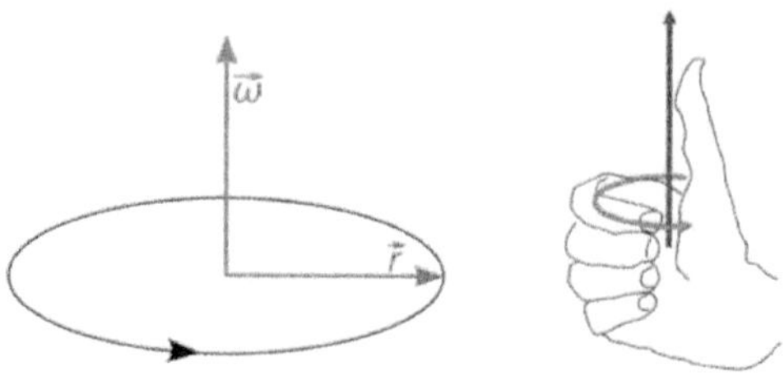

Attention : La direction de l'axe compte ! Par exemple, dans le cas du manège :

Accélération	Décélération
Accélération dans le même sens que la vitesse	Accélération opposée à la vitesse

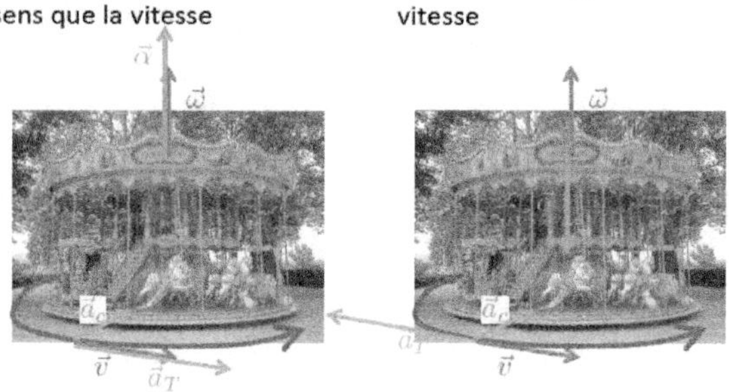

- **Cas particulier : le mouvement circulaire uniforme**

On considère un **mouvement circulaire uniforme : ω.**

On définit :

⇒ La période T : le temps qu'il faut pour effectuer un tour ($\Delta\theta = 2\pi\ rad$)

$$\boldsymbol{\omega T = 2\pi} \textbf{ donc } \text{T}=\frac{2\pi}{\omega}$$

⇒ La fréquence f : le nombre de tours par unité de temps. En faite, cela correspond à l'angle balayé pendant un temps Δt: $\theta = \omega\Delta t/2\pi$

$$\textbf{Nombre de tours N : } \boldsymbol{\theta/\ 2\pi = \omega\Delta t/2\pi}$$

$$\textbf{Fréquence : } \text{f}=\frac{\omega}{2\pi} = \frac{1}{T}\textbf{, c'est à dire } \boldsymbol{\omega = 2\pi f}$$

Ces définitions sont valables pour tout mouvement qui se répètent (=mouvement périodique).

A retenir : sur une roue à vitesse constante :

⇒ La norme de la vitesse tangentielle est la même sur toute la circonférence.
⇒ La vitesse angulaire est la même sur toute la circonférence.
⇒ La vitesse v dépend de la distance par rapport à l'axe de rotation v = r · ω.
⇒ L'accélération angulaire est nulle car la norme de la vitesse angulaire est constante puisque la vitesse tangentielle est constante.

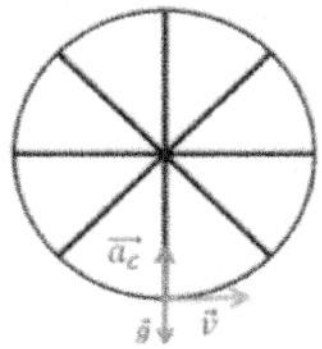

FLUIDES

Prérequis

La mécanique des fluides nous permet d'étudier l'écoulement des fluides, donc lorsque les liquides et gaz subissent des forces ou des contraintes. On a ainsi :

- ⇒ La statique des fluides (=hydrostatique) permet l'étude des fluides au repos (poussée d'Archimède, étude de la pression, ...).
- ⇒ La dynamique des fluides permet quant à elle l'étude des fluides en mouvement (théorème de Bernouilli, ...).

Un fluide est une substance composée de nombreuses particules matérielles très petites et capable de se déplacer les unes par rapport aux autres. Par conséquent, c'est un milieu matériel continu, déformable, sans rigidité et qui peut s'écouler. C'est un corps sans forme propre, il prend la forme du récipient qui le contient (dû à la très faible force de cohésion entres particules élémentaires).

Remarque : On dit que c'est un milieu continu car même si à notre échelle l'élément est petit, à l'échelle moléculaires (à la dimension des molécules qui constitue cet élément), l'élément est immense.

Parmi les fluides, on fait souvent la distinction entre liquides et gaz.

Remarque : On peut aussi classer les fluides selon leurs viscosités (car elle définit le frottement interne des fluides) : les fluides "newtoniens" qui ont une viscosité constante ou qui ne peut varier qu'en fonction de la température (l'eau, l'air, la plupart des gaz) et les fluides "non newtoniens" où leur viscosité varie en fonction de la vitesse et des contraintes qu'ils subissent lors de l'écoulement : (sang, gels, ...).

Quelques rappels :

- ⇒ **Masse volumique :** $\rho = \frac{m}{V}$
- ⇒ **Poids volumique :** $\omega = \frac{m.g}{V} = \rho.g$
- ⇒ **Densité :** $d = \frac{masse\ voluique\ du\ fluide}{masse\ volumique\ d'un fluide\ de\ référence} = \frac{\rho}{\rho_{ref}}$

Remarque : Dans le cas des liquides, l'eau est un fluide de référence. Dans le cas des gaz, l'air est un fluide de référence.

Les fluides

Un fluide est dit parfait s'il est possible de décrire son mouvement sans prendre en compte les effets de frottement (nous permet de simplifier les calculs car quasi inexistant dans la nature).

Un fluide est dit réel lorsque les forces tangentielles de frottement interne sont prise en considération. Ce frottement visqueux apparait lorsque le fluide est en mouvement. Au repos, on admet souvent qu'un fluide réel se comporte comme un fluide parfait.

Un fluide est dit incompressible quand le volume occupé, pour une masse donné, ne varie pas selon la pression extérieure. Les liquides sont considérés comme des fluides incompressibles.

Un fluide est dit compressible cette fois-ci quand le volume occupé, pour une masse donnée, varie en fonction de la pression extérieure. Les gaz sont des fluides compressibles.

Viscosité

La viscosité caractérise les frottements internes du fluide donc sa capacité à s'écouler. Elle prends donc en compte la résistance à l'écoulement : une grande viscosité indique une forte résistance et inversement.

Remarque : Lorsque la température augmente, la viscosité d'un fluide décroît car sa densité diminue.

Statique des fluides

Ici, nous étudierons l'étude des fluides au repos. Vous savez que, par exemple, plus la profondeur de l'eau augmente et plus la pression de l'eau est importante : l'étude de la statique des fluides est donc util lors de la construction de barrages, de sous marins, de réservoirs on a besoin de connaître les forces exercées par les fluides avant de concevoir ces structures.

Remarque : La pression correspond à l'intensité de la composante normale de la force qu'exerce le fluide sur une unité de surface.

En faite, à la surface de notre peau, chaque cm^2 supporte environ 1 kg (force) dû au poids de l'atmosphère. C'est ce qu'on appelle la pression atmosphérique au niveau de la mer. Cependant, puisque notre corps est incompressible et que nos cavités (estomac, poumons,...) contiennent de l'air à la même pression atmosphérique, nous ne la ressentons.

Cependant, si on s'élève de 5 000 m (dans un avion), la pression atmosphérique est deux fois plus faible qu'au niveau de la mer donc la masse d'air au-dessus de notre tête est moitié plus petite d'où le fait qu'on a une pressurisation des avions.

De même, plus on descend en profondeur lors d'une plongé sous marine et plus la pression est élevée puisqu'il faut prendre en compte le poids de l'eau au-dessus de nous : à 10 mètres de profondeur, chaque cm^2 de notre peau supportera un poids égal à 1L d'eau (=1kg). La pression à 10m de profondeur est donc de 1 kg/cm^2, soit 1 bar. Si on continu de descendre à 10m, la pression augmentera à nouveau de 1 bar : c'est ce qu'on appelle la pression hydrostatique (car dû à l'eau) ou pression relative (car se réfère à la surface de l'eau).

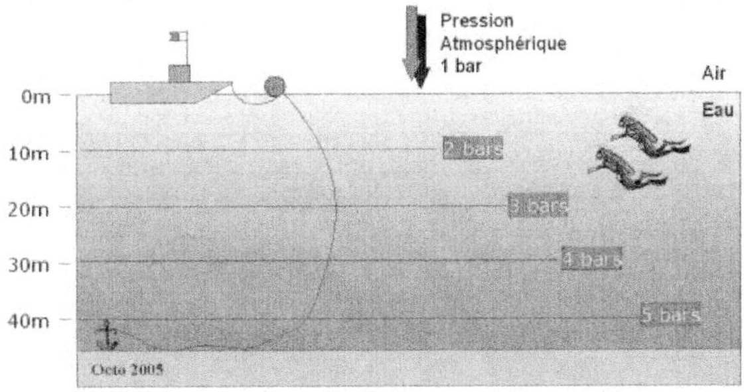

Le bar est égal à peu près à la pression atmosphérique moyenne : 1 bar = 10^5 Pascal.

Ainsi, tout plongeur subit une pression atmosphérique et la pression de l'eau $\boldsymbol{P_{eau}} = \boldsymbol{\rho_{eau}\ g\ h}$ donc la pression total vaut $\boldsymbol{P_{tot}} = \boldsymbol{P_{atm}} + \boldsymbol{P_{eau}} = \boldsymbol{P_{atm}} + \boldsymbol{\rho_{eau}\ g\ h}$

Par exemple, la poitrine humaine a une surface d'environ 0,1 m^2 donc une pression de P = 1 atm exerce une force F = P.S = 10^4 N : l'équivalent d'une masse de 1 tonne ! **Le détendeur des plongeurs adapte donc la pression de l'air inspiré**.

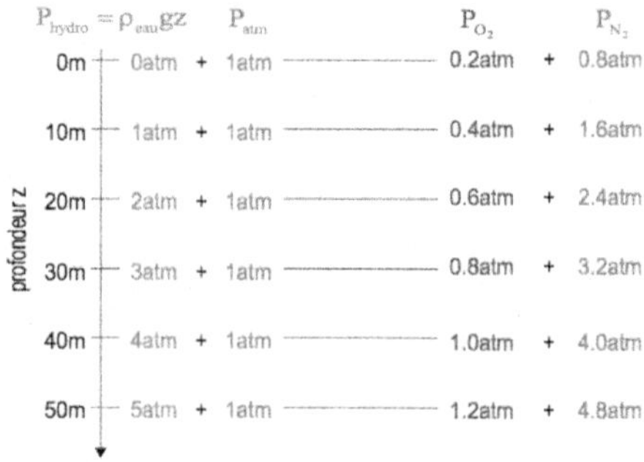

La différence de pression entre deux points est proportionnelle à leur différence de profondeur : c'est la **relation fondamentale de l'hydrostatique**.

$$\boldsymbol{P_1 - P_2 = pg(X_2 - X_1)}$$

<u>Remarque</u> : La pression hydrostatique (de même que la pression atmosphérique) s'exerce dans toutes les directions (et pas juste de haut en bas).

A retenir dans le cas de la plongée : $P_{tot} = P_{atm} + \rho.g.h$

⇒ P_{atm} = 1 atm

⇒ ρ.g.h = 1 atm tout les 10m

⇒ Pour calculer la pression partielle d'un gaz a une certaine profondeur (ex 30m) : $P_{partielle\ du\ gaz} \times P_{tot}$ (ici = 4 vu qu'on est à 30 m)

⇒ **Si on veut calculer le temps de demi vie d'un gaz en profondeur on ne prends pas en compte la Patm dans la réduction !!**

⇒ Dans ce même exemple, en 1 $T_{1/2}$ on perd la moitié du gaz mais seulement du nombre de mol lié a la profondeur, pas au nombre de mol de gaz de P_{atm} :

- Pour le N_2 80% dans l'air, a 30m de profondeur on aura 0,8x3atm = 2,4 atm (+ 0,8atm de P_{atm}). Après une $T_{1/2}$: 2,4 /2 = 1,2 atm (+0,8 atm de P_{atm})

⇒ **Coefficient de saturation**: R = $\frac{Psat}{Pair}$

$R < 1$: sous-saturation
$R = 1$: saturation
$R > 1$: sursaturation
$R \geq 2$: risque de formation de bulles

- P_{sat} = Pression partielle que tu as au moment ou t'es (donc a 10min on a 2atm)
- P_{air} = pression partielle a ta destination (donc a 30m donc 3,2 atm)
- R va converger vers 1 (descente)
- Dès que Psat ≥ Patm, les bulles qui commencent à se former
- **Dans la phase de plongée, R sera toujours inférieur ou égal à 1. C'est dans la phase de remontée que R sera plus grand que 1.**

Rappel : ρ = densité = masse volumique = m/V

<u>Principe de Pascal</u> **: Dans un fluide incompressible en équilibre, toute variation de pression en un point entraîne la même variation de pression en tout autre point.**

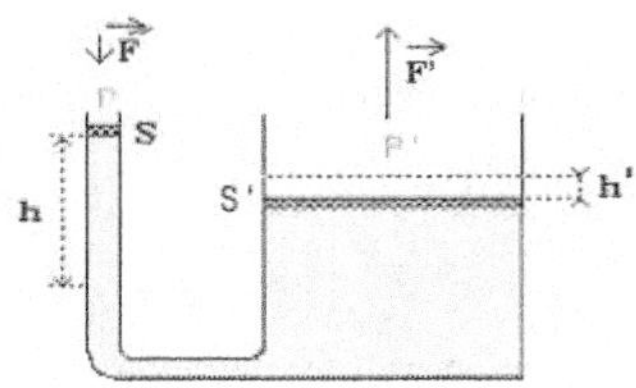

Application : **Le baromètre est un instrument de mesure, utilisé en physique et en météorologie, qui sert à mesurer la pression atmosphérique.**

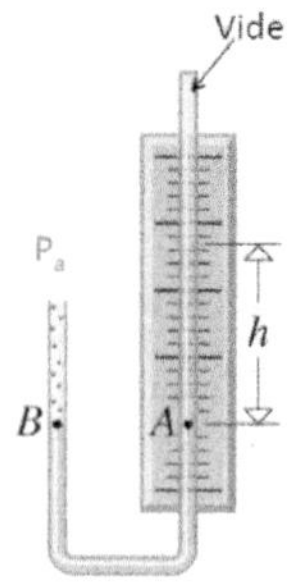

La hauteur de la colonne de Mercure est donné par $\boldsymbol{h} = \frac{\boldsymbol{Patm}}{\boldsymbol{densité} \times \boldsymbol{g}}$

⇒ **Plus la densité est faible et plus la hauteur de la colonne de fluide sera grande** donc la hauteur sera toujours la plus petite pour la densité la plus haute.
  - La hauteur **ne dépend pas du diamètre du tube** car le diamètre est le même des deux côtés du baromètre.
  - La hauteur **ne dépend pas non plus de la pression atmosphérique** car les deux colonnes sont côte a côte donc à même pression atmosphérique. En réalité, la hauteur dépend bien de la pression atmosphérique mais de savoir quelle colonne est la plus haute ça ne dépend pas car ils sont influencés par la même pression.

Principe d'Archimède : **Tout corps plongé dans un fluide reçoit de la part de ce fluide une force (poussée) verticale vers le haut, dont l'intensité est égale au poids du volume de fluide déplacé (ce volume est donc égal au volume immergé du corps).**

$$\boldsymbol{P_{archimède} = \rho_{fluide} \times V_{immergé} \times g}$$

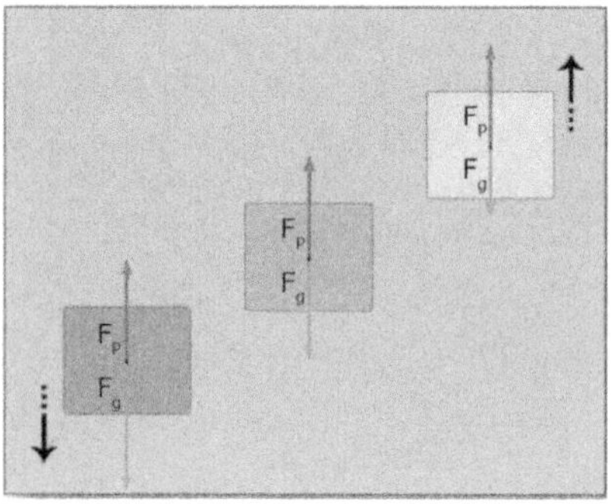

On a donc 3 cas de figure :

⇒ Force d'Archimède > Poids = flotte
⇒ Force d'Archimède < Poids = coule
⇒ Force d'Archimède = Poids alors c'est l'équilibre (le cas des icebergs par exemple)

Pour aller un petit peu plus loin, on peut relever que la poussé d'Archimède dans un même fluide **dépend seulement du volume de l'objet**. Donc à volume égal, la poussée d'Archimède est la même pour les deux objets. A masse volumique différente :

- Si $\rho_{objet} < \rho_{fluide}$ alors l'objet flotte.
- Si $\rho_{objet} > \rho_{fluide}$ alors l'objet coule.
- Si $\rho_{objet\ A}$ A > $\rho_{objet\ B} > \rho_{fluide}$ alors l'objet A coule plus vite que le B.

Pour en revenir à la plongée, **concernant l'inconfort ou la douleur dans l'oreille à cause de l'air, cela provient de la force nette exercée sur le tympan**. Celle-ci devient nulle quand la pression des deux cotés du tympan est la même. Justement, on calcul cette force nette grâce a la force d'Archimède : **F = ρ.V.g ou V = Surface x h**. Attention, c'est bien le **ρ du fluide pas de l'objet** !!

<u>Application</u> : **Supposons qu'une balance ait indiqué 7.84 N quand la couronne était dans l'air et 6.84 N quand elle était dans l'eau. Sachant que la masse volumique de l'or pur ρ_{or} est de 19,3 . 10^3 kg/m^3 et que celle de l'eau ρ_{eau} est de 1.10^3 kg/m^3 on a :**

$$F_A = P_{air} - P_{eau} = 7,84 - 6,84 = 1\ N$$

Or $F_A = \rho_{eau} V g$ **et** $\rho_{couronne} = \frac{m_{couronne}}{V_{couronne}}$

Si on remplace V par $\frac{F_A}{\rho_{eau} g}$ **on obtiens :**

$$\rho_{couronne} = \frac{m_{couronne}\rho_{eau} g}{F_A} = \frac{7,84\ N \times 1000\ kg/m^3}{1\ N} = 7,84.10^3\ kg/m^3$$

La masse volumique de la couronne est inférieure à celle de l'or pur donc la couronne n'est pas faite d'or pur.

Dynamique des liquides parfaits

Contrairement aux éléments solides, les éléments d'un liquide (et même gaz) en mouvement peuvent se déplacer à des vitesses différentes. La dynamique de ces fluides est donc très complexe.

Nous verrons surtout :

⇒ L'équation de continuité (= conservation de la masse),
⇒ Le théorème de Bernoulli (= conservation de l'énergie)

<u>Remarque</u> : Nous ne verrons pas le théorème d'Euler (= conservation de la quantité de mouvement) qui n'est pas au programme.

On peut en réalité décrire l'écoulement d'un fluide de deux manière :

⇒ **Mathématiquement** :

- Ecoulement permanent (ou stationnaire) : le champ des vecteurs vitesse des particules fluides est constant dans le temps donc les grandeurs ne dépendent pas du temps.
- Ecoulement uniforme : la vitesse ne dépend pas du point considéré.

Remarque : Un écoulement permanant n'est pas forcément uniforme dans l'espace.

⇒ **Physiquement** :

- Ecoulement laminaire : le fluide glisse et les vitesses sont continues.
- Ecoulement turbulent : les couches du fluide se confondent de façon aléatoire donc les vitesses sont discontinues.
- Ecoulement tourbillonnaire lors de la transition laminaire-turbulent.

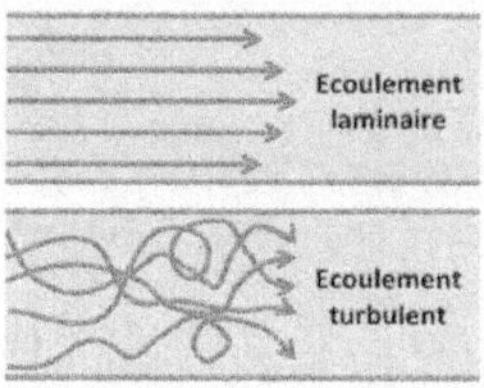

A retenir : Lors d'un écoulement laminaire (et non turbulent) :

⇒ La résistance a l'écoulement R_f ne dépend que **du diamètre, de la longueur du tube ainsi que de la viscosité du fluide mais pas du débit Q**.

⇒ Si ΔP augmente, c'est le débit Q qui augmente et non la résistance à l'écoulement R_f.

⇒ Donc si Q change, ΔP change aussi car **R_f est uniquement déterminé par les caractéristiques du tube et du fluide**.

$$Q = \frac{\pi}{8}\frac{\Delta P}{\eta L} R^4$$

Considérons une artère comprenant du sang de masse volumique ρ avec un écoulement permanent. Si la section de l'artère diminue (la surface A diminue), puisque nous avons une conservation de la masse et que le fluide est incompressible (donc la masse volumique reste la même) alors **l'équation de continuité** est la suivante :

$$A_1 v_1 = A_2 v_2$$

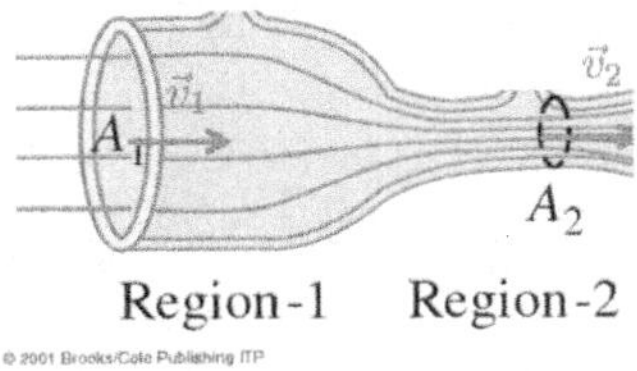

<u>Remarque</u> : Si la section se resserre, l'écoulement accélère.

Le débit Q mesure le volume ΔV qui passe à travers une surface A pendant un intervalle de temps Δt donc Q = $A \times v$. Donc lors du rétrécissement de l'artère, le débit reste le même.

<u>Remarque</u> : Le débit dans un tuyau ne dépend pas de la manière dont on choisit la surface A.

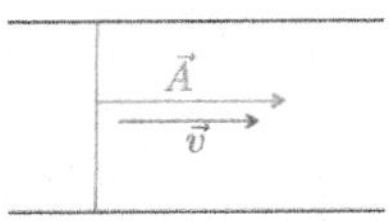

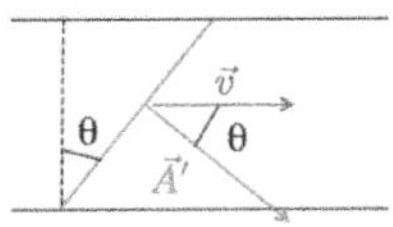

$$Q = \vec{A} \cdot \vec{v} = Av \qquad Q' = \vec{A'} \cdot \vec{v} = A'v\cos(\theta) = Av$$

A retenir :

Lors de l'étranglement d'un tuyau comprenant un fluide :

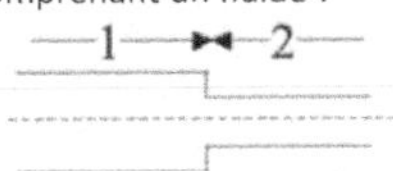

- ⇒ Si la surface diminue, la pression augmente donc P2 < P1.
- ⇒ Le débit reste le même.
- ⇒ La vitesse est supérieure dans la région 2 par rapport a 1 pour conserver le débit.

En effet, **Débit = Vitesse x Surface = Volume/temps**

On parlera d'**écoulement stationnaire lorsque la vitesse en chaque point est constante au cours du temps**.

Si on reste avec notre exemple d'artère, donc de fluide incompressible et à écoulement permanent (stationnaire), la variation d'énergie mécanique du fluide entre deux instant t et t' est :

$$\Delta E = \Delta E_c + \Delta E_p = W_{recu}$$
$$\Delta E_c + \Delta E_p - W_{recu} = 0$$

Si on développe cette équation, on obtient **l'équation de Bernouilli** :

$$\frac{1}{2}\rho v^2 + \rho g y + P = \text{constante}$$

Avec la densité d'énergie cinétique, la densité d'énergie potentielle (pression hydrostatique) et la densité d'énergie interne.

<u>Exemple</u> : Si un vent frappe fort par dessus le toit horizontal d'une maison, l'équation de Bernouilli nous dit qu'à une même hauteur, les pressions doivent s'égaler donc on a :

⇒ **P_{ext} + p.g.y + 1/2 p.v² = P_{int} + p.g.y**

⇒ **P_{ext} + 1/2 p.v² = P_{int}**

⇒ **Donc la pression a l'intérieur de la maison est plus grande qu'a l'extérieur.**

⇒ **Pression = $\frac{force}{surface}$ donc Force = Pression x Surface**

⇒ **Si P_{int} > P_{ext} alors la force résultante sera dirigée vers le haut (vers là où la pression est moindre)**

La solubilité dans un liquide (en g ou mol) est donnée par la **loi d'Henry** :

$$\frac{m_A^{B\ saturé}}{V_{liquide}} = K_A^B \times P_A^{gaz}$$ **avec K_A^B la solubilité de A dans B**

Dynamique des liquides réels

En faite, l'écoulement d'un liquide réel est plus complexe que celui d'un liquide parfait car il prend en compte les forces de frottement dues à la viscosité du fluide qui s'exercent entre les particules de fluide et les parois mais aussi entre les particules elles-mêmes.
Pour cela, nous utiliserons le nombre de Reynolds afin de simplifier ces mesures.

<u>Remarque</u> : Nous avons une conservation de l'énergie uniquement pour les fluides parfaits du coup.

Lors du mouvement des liquides réels, les forces de contact ne sont pas perpendiculaires aux éléments de surface, elles possèdent des composantes tangentielles qui s'opposent au glissement des couches fluides les unes sur les autres : cette résistance est caractérisée par la viscosité.

Nous avons vu qu'il existait un régime laminaire et un régime turbulent : ceci peut être déterminer via le nombre de Reynolds R. En effet, en utilisant divers fluides à viscosités différentes, en variant le débit et le diamètre du tuyau, Reynolds a su montré que ce qui détermine si l'écoulement est laminaire ou turbulent est un nombre sans dimension :

$$R_e = \frac{V.d}{v}$$

⇒ Si R_e< 2000 alors l'écoulement est laminaire.

⇒ Si R_e> 2000 alors l'écoulement est turbulent.

La perte de charge tout au long de l'écoulement peut être multiples :

⇒ Perte de charge singulière : lorsque le tuyau subit une variation de section ou de direction.

⇒ Perte de charge linéaire : lorsque les pertes de charge sont reparties régulièrement le long du tuyau. En chaque point les caractéristiques de l'écoulement sont donc bien définies et ne dépendent pas du temps. Elles sont :
- Proportionnelles à la longueur L du tuyau.
- Proportionnelle au carré de la vitesse V du fluide.
- Inversement proportionnelles à son diamètre d.

$$J_L = -\lambda \frac{V^2}{2} \frac{L}{d}$$

Avec V : vitesse moyenne d'écoulement dans la conduite (m/s)
L : longueur de la conduite (m)
d : diamètre de la conduite (m)
λ : coefficient de perte de charge linéaire. Il dépend du régime d'écoulement et notamment du nombre de Reynolds *R*.

Pour trouver ce coefficient de perte de charge, on utilisera des formules différentes si c'est un écoulement laminaire ou turbulent. Par exemple, pour l'écoulement laminaire, nous utiliserons la **formule de Poiseuille** $\boldsymbol{\lambda = \frac{64}{R_e}}$.

Dynamique des gaz

La masse volumique d'un gaz varie avec sa pression. Par conséquent, l'étude des gaz est un peu plus compliquée que celle des liquides pour qui les variations de température ou de pression ne modifient pas les volumes car la dilatation ou la compression sont généralement négligeables, contrairement aux gaz ou vapeurs.

Remarque : C'est pour cette raison que vous devriez toujours fixé au préalable un certain nombre d'hypothèses qui simplifierons les calculs comme la nature du gaz (si c'est un gaz parfait, ...), son type d'évolution (s'il est isotherme, adiabatique, ...).

La **loi des gaz parfait** nous dit que :

$$\frac{P}{\rho} = r.T$$

Avec P : pression
ρ : masse volumique
r : constante des gaz parfait
T : température en Kelvin

À <u>pression constante</u>, la **chaleur récupérée par un gaz parfait** est :

$$\Delta H = C_p \Delta T$$

Avec ΔH : variation d'enthalpie par unité de masse
C_p: chaleur spécifique à pression constante
ΔT : variation de température en Kelvin

À <u>volume constant</u>, la **chaleur récupérée par un gaz parfait** est :

$$\Delta U = C_V \Delta T$$

Avec ΔU : variation d'énergie interne par unité de masse
C_V: chaleur spécifique à volume constante
ΔT : variation de température en Kelvin

La **relation de Mayer** nous permet de les mettre en relation :

$$C_p = C_v + r$$

$$\gamma = \frac{C_p}{C_V}$$

Avec γ : coefficient de Laplace
C_p: chaleur spécifique à pression constante
C_V: chaleur spécifique à volume constante

<u>Remarque</u> : La chaleur spécifique change selon si c'est un gaz monoatomique ou diatomique.

A retenir :
<u>Plusieurs gaz dans un récipient</u> : Si le volume change et la quantité de matière reste constante, la pression totale varie. La **pression partielle varie donc avec un changement de volume.**

Thermodynamique

La température influence l'énergie cinétique des atomes, c'est à dire qu'elle influence la vitesse des molécules. Ainsi, selon la température, on pourrait passer d'un état de la matière à un autre :

Courbe de la température en fonction du temps – eau distillée

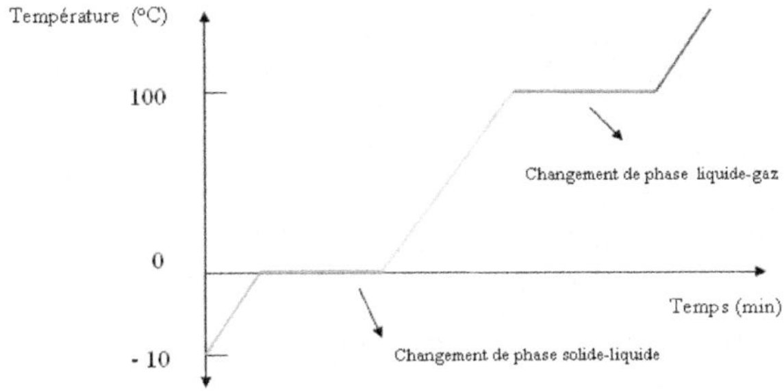

Nous pouvons ainsi considérer :

⇒ La chaleur spécifique (variation d'énergie cinétique des molécules) qui correspondent aux courbes verte, bleu et violette sur le schéma : Q = mcT

⇒ La chaleur latente (variation d'énergie potentielle des molécules donc modification des liaisons) qui corresponds au changement d'état de la molécule (courbes rouges) : Q = mL

Cependant, il faut bien comprendre qu'on ne fournit jamais de la température, on fournit de la chaleur. La température est un état. Lorsqu'on fournit de la chaleur on augmente donc l'énergie thermique qui modifie l'état de la molécule en question, c'est à dire qu'il modifie sa température.

Remarque : Lorsqu'on va du chaud vers le froid, on parle de flux positif et vice-versa.

Nous avons donc plusieurs types de transformations :

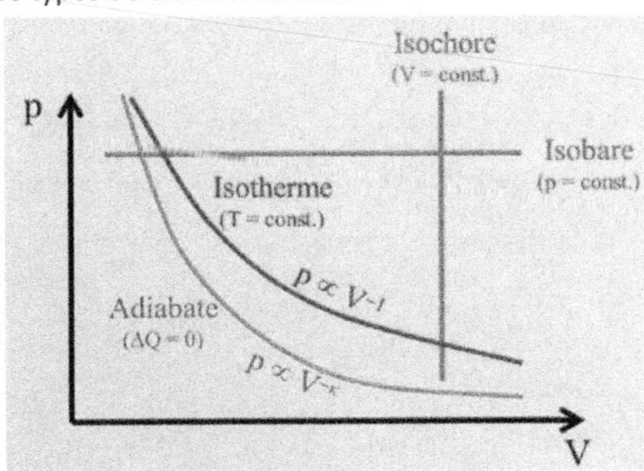

⇒ Isobare : la pression est constante

⇒ Isotherme : la température est constante

⇒ Isochore : Le volume est constant

⇒ Adiabatique : lorsque pression x Volume est une constante

A retenir : Pour les transformations adiabatiques on a :

- ⇒ Si V augmente P diminue (**PV= constante**)
- ⇒ Si P diminue alors l'énergie cinétique Ec diminue ($P = \frac{2}{3}n \times E_c$)
- ⇒ Si Ec diminue alors l'énergie interne U diminue (U = Ec+ Ep)
- ⇒ Donc si le volume diminue, le système a diminué (de la même quantité) son énergie interne.
- ⇒ **L'énergie interne correspond au travail car Q(chaleur) = 0 dans une transformation adiabatique.**

Lorsqu'on veut quantifier le travail fournit par le système vers l'extérieur, on regarde simplement l'air sous la courbe. Ainsi, ici, on aurait W1> W3 > W2 :

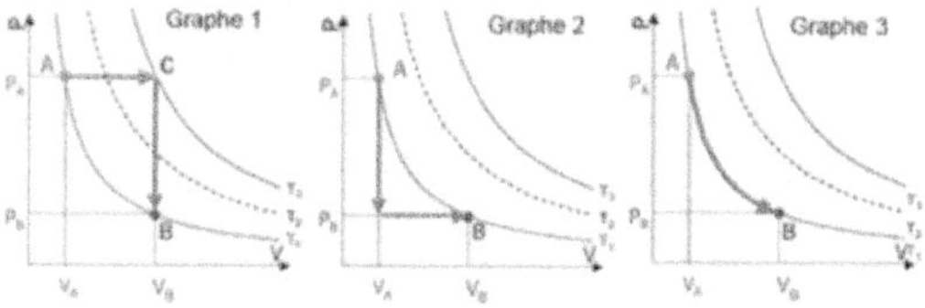

- ⇒ Graphe 1 : On a d'abord une transformation isobare puis isochore.
- ⇒ Graphe 2 : On a d'abord une transformation isochore puis isobare.
- ⇒ Graphe 3 : On a une transformation adiabatique.

Pour augmenter l'énergie interne, il faut augmenter le travail et la chaleur recu !

Par exemple, sur Terre, on augmenterait l'énergie interne si une météorite nous tomberait dessus (augmente le travail), si le soleil brillerait plus fort (augmente la chaleur), si on augmenterait l'effet de serre (capture plus d'energie solaire donc on augmente la chaleur).

Cependant, si on envoie un satellite, l'énergie interne de la Terre diminue.

Enfin, une éruption volcanique ne changerait pas l'énergie interne de la Terre car il n'y aurait aucun échange avec l'espace.

Tension superficielle

On nommera interface la surface de contact entre deux milieux différents. L'existence de cette interface entre deux milieux est toujours accompagnée d'une consommation d'énergie : c'est l'aire de cette surface multipliée par la tension de surface (= tension superficielle).

<u>Remarque</u> : les forces intermoléculaires sont à l'origine de l'énergie de surface.

En effet, la tension superficielle est une force qui existera jusqu'à ce qu'il n'y ai plus d'interface. Par exemple, la fleur de lotus ne touche pas l'eau pour cette raison là (c'est l'effet lotus) :

Nous avons vu que dans un liquide, les molécules exercent entre elles des forces d'attraction (Van der Waals) et de répulsion (force électrostatique).

A l'intérieur d'un liquide, la résultante de ces forces est nulle mais au niveau de la surface, ces forces ne s'annulent pas car les molécules d'eau situées à la surface d'un liquide n'attirent pas l'air. Par conséquent, la résultante à la surface est dirigée vers le bas.

<u>Remarque</u> : les forces de pression équilibrent ces forces de surface.

Si l'interface est courbée (le cas d'une goutte d'eau par exemple), il y a une différence de pression entre les pressions des différents milieux. Par exemple, si l'eau a une interface bombée vers le haut, alors la pression de l'eau est plus élevée que la pression atmosphérique. Au contraire, si l'eau a une interface courbée vers le bas comme une selle de cheval, alors ce sera la pression atmosphérique qui sera plus élevée.

Remarque : Une lame élastique tendue est capable d'équilibrer une variation de pression entre ses faces en prenant une forme concave vers la pression la plus forte. C'est pour cela que nos vaisseaux sanguins possèdent des lames élastiques.

La loi de Laplace établit justement la **relation entre la différence de pression et la tension superficielle** :

$$\Delta P = \frac{2\gamma}{R}$$

Avec γ : la tension superficielle du liquide
R : le rayon du tube (capillaire par exemple...)

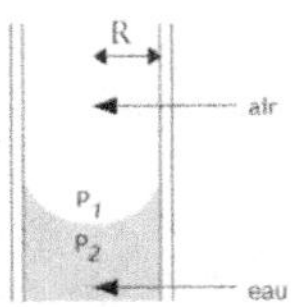

<u>Remarque</u> : Un trombone flotte à la surface de l'eau. On pourrait se dire que cela est dû à la poussée d'Archimède or celle-ci n'agit que sur les solides de densité plus faible que l'eau et le

trombone fait d'acier est plus dense que l'eau. Par conséquent, on peut expliquer cela grâce à la tension superficielle. Si on ajoute du liquide vaisselle, celui-ci va diminuer la valeur de la tension superficielle donc le trombone coule.

> **A retenir :**
>
> ⇒ Bulle dans un liquide : Lors de calcul de la pression, $\gamma^{pression} = \frac{\Delta P}{2} R$ avec $\Delta P = P_{int} - P_{ext}$ il ne faut pas oublier que la pression extérieure comprends la **pression absolue de surface (10^5) + $\rho_{liquide} g h$**
>
> ⇒ Bulle dans l'air : **plus la tension superficielle a la surface des bulles est élevé et plus la pression intérieur est grande**. Pour que la tension superficielle diminue, il faut augmenter la pression extérieure (essayer de la rapprocher de la pression interne). La tension superficielle change donc en fonction de l'altitude, d'où le fait que les bulles éclatent à une certaine hauteur.

La contrainte mécanique correspond à la tension superficielle en fonction de l'épaisseur de la paroi de surface.

Si on s'intéresse aux vaisseaux sanguins :

- Capillaire :
  - La tension superficielle est toujours dépendante du rayon donc la tension d'un capillaire augmente avec son rayon.
  - La contrainte mécanique dépend aussi de la pression sanguine :

    $\sigma^{pression} = \Delta P \frac{R}{e}$ ou $\gamma^{pression} = \Delta P . R$ avec $\Delta P = P_{int} - P_{ext}$

- Artère élastique :
  - Quand la pression sanguine > tension superficielle alors l'artère « gonfle ».
  - Quand la pression sanguine = tension superficielle alors c'est l'équilibre
  - Quand la pression sanguine < tension superficielle alors l'artère rétrécit.
  - Lorsqu'on diminue le rayon, la tension superficielle diminue davantage que la pression sanguine.

Remarque : Dans une artère élastique musculaire c'est différent car il y a une couche musculaire en plus (chaque couche de la paroi contribue à la tension superficielle). Elle a donc une pression sanguine minimale qui lui permet de rester ouverte (sinon l'artère collabe).

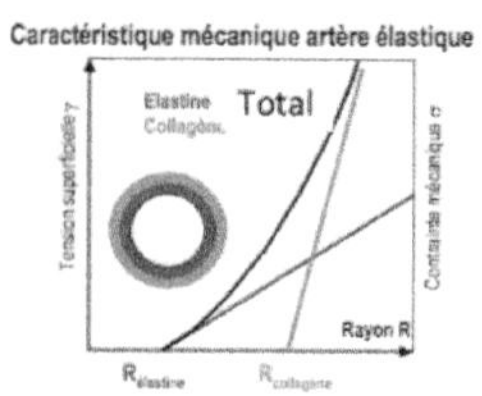

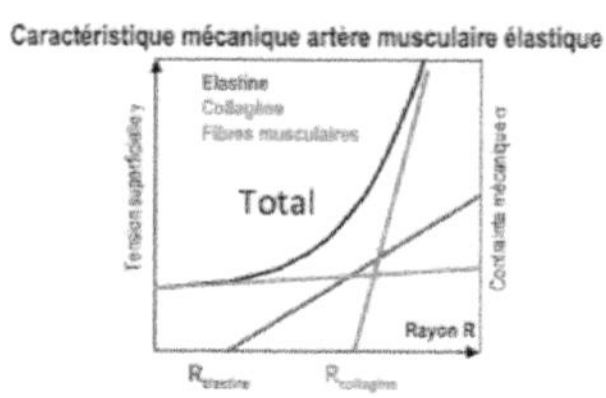

Remarque : Les vaisseaux sanguins sont des conduits élastiques (au moins partiellement) afin de permettre au sang de passer d'un écoulement pulsatile à un écoulement permanent.

En faite, théoriquement, une paroi parfaitement élastique aurait tendu vers une dilatation infinie. C'est pour cette raison que la réelle composition de la paroi des vaisseaux impose une variation de tension non linéaire qui limite cette tendance à la dilatation.

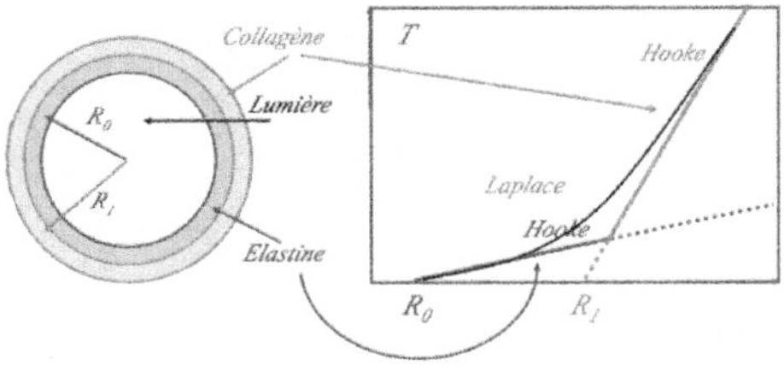

Artère élastique

Humidité relatif

La pression partielle (=quantité d'eau dans l'air) est constante car la pression atmosphérique est constante. C'est seulement la pression saturante d'eau qui change selon la température.

$$\mathrm{HR} = \frac{\mathrm{P_{eau}}}{\mathrm{P^{s}_{eau}}} \times 100$$

On parlera de point de rosée lorsqu'on sera a 100% d'humidité relatif. C'est la saturation de l'eau donc on passe de la phase gazeuse à la phase liquide dans l'air et $P_{sat} = P_{partielle}$

Remarque : Même si théoriquement on peut calculer une humidité relative supérieur à 100%, physiquement c'est impossible.

Pour calculer le nombre de mol de gaz d'eau a évaporer jusqu'à obtenir tel ou tel humidité relatif, on utilise PV = nRT.

Printed by Amazon Italia Logistica S.r.l.
Torrazza Piemonte (TO), Italy

34999829R00097